普通高等教育"十二五"规划教材

金属材料成型自动控制基础

余万华 郑申白 李亚奇 编著

U0342394

北 京

冶 金 工 业 出 版 社

2016

内 容 提 要

本书是普通高等教育"十二五"规划教材,主要是适应自动控制技术在冶金行业广泛应用的现状,系统介绍了自动控制在硬件和软件两个方面的基本原理和几种主要数学模型的基本构成,不同冶金过程如连铸、加热和轧制对自动控制技术的要求和发展现状,其中轧制过程的自动控制是本书介绍的重点。本书尽量包含最新技术发展,使读者接触较为前沿的内容。

全书共分 12 章,包括:自动控制的基本概念、自动控制原理、轧制控制计算机系统的数学模型、轧制过程计算机控制系统、连续铸钢生产过程自动控制、连续加热炉生产过程自动控制、高速线材生产过程自动控制、轧制过程在厚度、连轧张力、活套、板形、温度和位置方面的自动控制等。在内容组织和结构安排上,力求理论联系实际,切合金属材料加工专业学生能力培养的需要,突出实用性、先进性,为读者提供一本有益的自动控制基础教材。

本书可作为冶金、机械、电力行业大专院校有关专业的教材,也可供从事材料加工研究、生产和应用等方面的工程技术人员与管理人员参考。

图书在版编目(CIP)数据

金属材料成型自动控制基础/余万华,郑申白,李亚奇编著.
—北京:冶金工业出版社,2012.8 (2016.2 重印)
普通高等教育"十二五"规划教材
ISBN 978-7-5024-5981-9

Ⅰ.①金… Ⅱ.①余… ②郑… ③李… Ⅲ.①金属材料—成型—自动控制—高等学校—教材 Ⅳ.①TG39

中国版本图书馆 CIP 数据核字(2012)第 148266 号

出 版 人　谭学余
地　　　址　北京市东城区嵩祝院北巷 39 号　邮编　100009　电话　(010)64027926
网　　　址　www.cnmip.com.cn　电子信箱　yjcbs@cnmip.com.cn
责任编辑　张登科　张　晶　美术编辑　李　新　版式设计　孙跃红
责任校对　石　静　责任印制　牛晓波
ISBN 978-7-5024-5981-9
冶金工业出版社出版发行;各地新华书店经销;固安华明印业有限公司印刷
2012 年 8 月第 1 版,2016 年 2 月第 2 次印刷
787mm×1092mm　1/16;11.75 印张;282 千字;177 页
26.00 元

冶金工业出版社　投稿电话　(010)64027932　投稿信箱　tougao@cnmip.com.cn
冶金工业出版社营销中心　电话　(010)64044283　传真　(010)64027893
冶金书店　地址　北京市东四西大街 46 号(100010)　电话　(010)65289081(兼传真)
冶金工业出版社天猫旗舰店　yjgycbs.tmall.com
(本书如有印装质量问题,本社营销中心负责退换)

前　言

目前，自动控制已成为金属材料生产过程中不可缺少的组成部分。金属材料加工自动化是利用自动化技术，对金属材料生产过程进行精确稳定控制，最终生产出尺寸精度高的产品。轧制是金属材料生产的重要环节，本书将侧重轧制生产控制环节。轧制过程自动化不仅涉及传感器、执行器、电力拖动等硬件环节，也涉及轧制理论、控制理论及计算机系统等多学科知识。

金属轧制过程的顺畅、质量的优劣是多方面综合的结果，诸多因素都会影响轧制系统操作性能和工作稳定，进而影响生产的进行和产品质量。如要求轧制工艺选择先进合理、装备制造安装精良、检测项目齐全、机电设备调整维护到位、自动控制准确及时、计算机控制系统结构及计算模型先进、通讯速度满足要求、操作人员技术水平达标、压下负荷合理分配等。

本教材是专门为材料成型与控制工程专业的学生学习"金属材料成型过程控制理论基础"课程而编写的。本课程介绍了钢铁生产中连铸以后各个流程的自动控制，着重轧制自动控制方面的内容，强调一般理论与实际应用相结合，教材编写尽可能避免控制工程教材中经常出现的复杂数学推导，把重点放在各环节控制原理、方法与应用上。

本教材在编写过程中，得到了北京科技大学吴春京教授、韩静涛教授、华中科技大学王桂兰教授审稿与指导帮助，北京科技大学教务处和材料学院提供了出版资助，在此深表感谢。

本教材属于新编教材，在试用过程中会不可避免的存在一些问题，编者将不断改进与完善。

编　者

2012 年 5 月

目　　录

1 概　　论

本章要点　本章概要介绍了自动控制的基本概念、轧钢生产对自动控制的要求及中国冶金自动化的发展状况。

自动控制是采用自动检测、信号调节（包括数字调节器、计算机）、电动执行等自动化装置组成的闭环控制系统，它使各种被控变量（如流量、温度、张力、轧机辊缝和轧机转速等）保持在所要求的给定值上。过程自动化是指在生产过程中，由多个自动控制系统组合成的复杂过程控制系统。

生产过程实现自动化的目的是：保证生产过程安全稳定；维持工序质量，用有限资源制造持久耐用的精美产品；在人力不能胜任的复杂快速工作场合中实现自动操作；把人从繁重枯燥的体力劳动中解放出来；不轻易受人的情绪和技术水平影响，按要求控制生产过程。实现自动化大批量生产可以为社会提供质量好、性能稳定、价格具有竞争力的产品，为企业生存发展提供更大的空间。

钢铁材料是人类社会最理想、应用最广泛的工具材料，但铸造坯锭要经过加工变形才能使组织均匀。轧制是各种变形手段中的一种，它是效率高、产量大、成本低、成型精确的一种加工方式。

轧制生产过程自动化使各种过程变量（如厚度、板形、宽度等）保持在所设定的给定范围内。

1.1　轧制生产过程的特点

现代轧制过程，特别是带钢热连轧系统，不同于其他生产过程控制，其基本特点有：

（1）需要模型计算。轧制前辊缝设置、转速设定、板形控制预设定，在线后计算、自学习计算等都有复杂运算，完全不同于传动级的简单 PID 闭环控制，而且计算内容与所用设备也有关系。

（2）控制项目众多。以带钢热连轧精轧机组为例，控制项目包括各主电机速度闭环控制、液压缸闭环控制、活套闭环控制、各种厚度自动控制（前馈、反馈、偏心补偿及监控 AGC）、板形自动控制（前馈及反馈闭环自动板形控制）、主速度（级联）控制、活套张力控制或无活套控制、精轧机组终轧温度控制、自动加减及顺序控制等总共将近 55 个控制回路。

（3）调节速度快。整卷钢为减少头尾温差，必须限定纯轧时间，这就要求具有一定的出口速度。高速轧制则对电机调速、液压压下提出快速调整的要求，如现代轧机设备控制及工艺参数控制的周期一般为 6～20ms。液压位置控制或液压恒压力控制系统的控制周期小于 3ms，这对计算机速度和通讯速度都提出了很高要求。

（4）参数之间相互耦合影响。由于众多功能最终的影响都将集中到轧辊、轧件之间的变形区，因此参数间相互影响显著。例如：当自动厚度控制系统调整压下、改变出口厚度时，必将使出口速度和轧制力发生变化，出口速度变化引起前后张力变化，间接引起次生轧制力变化，共同改变轧辊辊系弯曲变形而影响辊缝形状，最终影响出口断面形状和带钢平直度（板形）。因此轧制过程的各种调节常常需要有补偿措施。

（5）控制结果综合性强。工艺水平选择高低、装备制造安装精度、执行机构性能、机电设备调整维护好坏、计算机控制系统结构、计算机模型与算法、通讯方式与速度、压下负荷分配都会影响轧制系统的操作稳定性，操作人员知识水平和操纵能力也是影响因素。

1.2　轧制过程技术现状与自动化发展

20 世纪 60 年代以来，轧钢生产过程越来越广泛地应用自动化技术，促使生产水平不断提高，其技术现状是：

（1）轧钢生产日益连续化。带钢和棒线材轧制工艺的局部与整体过程的连续化更加完善，型钢实现少部分的全连轧。连续化生产大大稳定轧制温度，缩小头尾温差，提高产量和产品尺寸精度。连铸连轧、无头轧制有所进展，尤其薄板坯连铸连轧，突出连续作业、不放置冷坯的特点，为经济生产钢材开辟出一片新领域。

（2）轧制速度不断提高。细、薄的轧件必须提高轧速。轧制过程的连续化为轧制速度的高速化创造了条件，目前线材轧制速度已经达到了 130m/s 以上，带钢轧制速度已达到了 40m/s，极大减少了大卷重头尾温差。然而轧件速度越高，自动控制装置水平就必须越高，建造价格也越加昂贵。

（3）生产过程计算机控制。轧制过程是复杂的综合性实时性极强的生产过程。现代传动设备的调节、轧制过程参数在线预报设定、生产过程的控制及模型自适应修正都需要有实时计算能力的装置来完成。计算机应用到轧制生产当中正好适应了这种要求，可以多路采集，快速计算，准确控制，因而极大地促进了轧制生产发展。

计算机还发挥管理作用，如订货、原料的调度，生产计划的安排、技术协调等都在计算机上完成，做到轧制生产合理安排、成本最低和质量最稳定。

在轧制过程中，由于轧制环境有不少参数总有些变动，轧制力预报不够准确，轧制力、宽展、板形都必须能够自适应、自学习，使预报精度不断提高，这只能在计算机中完成。

（4）产品质量和精度高标准交货。尺寸高精度和光洁表面可以为用户带来便利。不少加工部门广泛需要尺寸精度极高的轧制产品。例如电子、仪表、轻工和纺织等工业部门，大量需要的厚度为 0.1～0.2mm 冷板，其厚度偏差就是在 ±0.005mm 左右。对热带生产也是一样，如 2mm 热带产品整卷偏差 +0.05mm。

（5）操作者具有较高技术水平。在实现轧制自动控制后，生产作业主要由设定程序完成，机械设备与控制装备更加先进，现场事故原因更加复杂，操作理论更加深奥广泛，对操作人员的技术知识水平提出很高要求。

由于连轧机生产效率高，轧制过程连续，易于实现自动化和机械化，而且这种轧机产量大，质量易于控制，经济效益非常显著。所以各种先进的科学成果都竞相应用于连轧过程，大大促进了连轧过程自动化的发展，其中以热带连轧自动化的发展最为迅速和成熟。

轧制过程自动化的发展大致可以分为 3 个阶段：第 1 阶段在 20 世纪 40~50 年代，为单架轧机手动模拟系统过程自动化阶段；第 2 阶段在 20 世纪 60 年代，为数字电子计算机和单架轧机过程自动控制系统共存阶段，也是单个计算机完成采集、计算、全面输出控制的 DDC 计算机系统；第 3 阶段为 1970 年至今，为多层次计算机阶段，即原来单机控制完全被任务缩小、分工明确的多层次分布计算机系统所替换，不但有底层设备数字化控制、中间层过程计算机控制，还有算法控制与上层经营管理控制。

计算机完成过程控制以外，还不断深入到生产管理层次，这样轧制计算机逐步形成多层次计算机控制与管理的格局。既然计算机控制在轧钢生产中占有重要地位，轧制自动化目前可以分为对过程的自动控制和对工艺过程的计算机系统控制两部分。过程自动控制主要指某种设备的闭环控制和某一工艺参数的过程控制，设备闭环控制包括拖动系统和伺服系统，如转速控制、液压辊缝控制等。这些过程控制的调节环节引入数字控制器，增加了通讯能力，提高了设备控制精度与范围，称为基础传动数字控制系统。工艺过程计算机控制是对复杂过程运用计算机完成采集、模型计算、实时判断处理，对生产过程进行模型计算基础上的实时控制，这对于包括加热、粗轧、精轧、冷却、卷取多个环节相互衔接配合的轧制生产是必不可少的，如加热燃烧控制、厚度自动控制 AGC、板形自动控制 AFC、活套张力控制、生产节奏控制等，每种控制可以有多种方式选择，也有不同算法选择，这些都只有计算机才能胜任。

计算机控制内容又分为计算机配置方式、信息跟踪方式和动态在线控制算法以及分布计算机通讯网络四大部分。

1.3 中国冶金自动化的发展

在基础控制方面，以 PLC、DCS、工业控制计算机为代表的计算机控制取代了常规模拟控制，在冶金企业全面普及。近年来发展起来的现场总线、工业以太网等技术逐步在冶金自动化系统中应用，分布控制系统结构替代集中控制成为主流。

在控制算法上，重要回路控制一般采用 PID 算法，智能控制、先进控制在电炉电极升降控制、连铸结晶器液位控制、加热炉燃烧控制、轧机轧制力控制等方面有了初步应用，并取得了一定成果。

在电气传动方面，用于节能的交流变频技术普遍采用；国产大功率交直流传动装置在轧线上得到成功应用。

在过程控制方面，计算机过程控制系统普及率有较大幅度提高，根据最近中国钢铁工业协会的调查结果，按冶金工序划分，57.54% 的高炉、56.39% 的转炉、58.56% 的电炉、60.08％的连铸、74.5％的轧机采用计算机过程控制系统。把工艺知识、数学模型、专家经验和智能技术结合起来，在炼铁、炼钢、连铸、轧钢等方面取得了一定的成果，如高炉炼铁过程优化与智能控制系统、连铸二冷水优化设定、轧机智能过程参数设定等方面。

复习思考题

1-1　实现自动控制有哪些要求？

1-2　轧制生产有哪些特点？

1-3　自动化在中国冶金行业的发展趋势？

2 自动控制原理

本章要点 本章主要介绍了自动控制系统的基本组成和控制原理、实现自动控制的基本要求、判断自动控制的性能指标及硬件要求等。

自动控制是利用控制系统使被控对象或是生产过程自动按照预定的目标运转所进行的控制活动。理想的自动控制过程是：在线自动检测对象参数，与设定参数比较，得到偏差后立即进行比例、积分和微分调节运算，然后调整过程对象，使其快速平稳达到期望状态。但实际检测存在滞后，执行机构和控制对象也存在惯性，控制对象的状态只能缓慢改变，由此造成调节过头而出现振荡。对自动控制系统性质进行分析就能找出控制参数，减少振荡，实现快速稳定。

2.1 自动控制系统基本组成和控制原理

2.1.1 开环控制系统

最简单的生产控制环节是由生产过程和人组成的，现以轧机压下位置的控制为例进行说明。在人工控制轧制时，首先依据预期的出口厚度，由人考虑弹跳估计辊缝数值，然后去调节压下螺丝，将轧辊辊缝移动到预期位置进行轧制，轧出来的轧件接近预期的出口厚度。这里给定的压下位置代表控制量，轧后轧件的厚度代表输出量或称为被控量。一定的压下位置就对应着一定的轧出厚度。但在辊缝不变的条件下，如果来料厚度不均、材质不均或表面摩擦状态发生变化，会使轧制力波动，造成轧机（轧辊挠曲、立柱等受力部件）弹性变形不同，引起辊缝发生变化，因而轧出的轧件厚度也就发生变化。在这一轧制过程中，输出量对轧制量没有任何控制影响。这种输出量不会返回影响过程的直接控制系统称为开环控制系统。

图 2-1a 所示为直接控制系统框图，输入量即为控制量，发出控制作用给被控制部分，

图 2-1 开环控制系统方框图

a—直接控制；b—前馈控制

而被控制部分并不将控制结果返回到控制端。

图 2-1b 所示为前馈控制，控制部分依据对输入量的检测计算出控制量，发送到被控制部分，对输入量进行控制。如轧制的前馈厚度控制，其方法是检测来料厚度，按固定算法计算辊缝，输出给压下装置进行辊缝设定，也是不涉及轧出厚度到底是多少，即没有将输出量反馈回来与给定量进行比较。这类开环控制系统的精度取决于该系统初始模型精度以及系统各部件的执行精度。

前馈控制可以及时跟踪输入量的变化，进行适当修正，满足输出要求。但当调节器本身有飘移、执行机构有偏差或对象被外界干扰时，开环控制系统就不能很好地完成既定任务。连轧要求控制精确，所以很少单独采用开环控制系统。

2.1.2　闭环控制系统

如果在轧机出口安装有测厚计，当外界干扰引起厚度发生变化时，人根据出口测厚仪检测到的实际厚度，与头脑里的目标值比较，当认为已偏离了所要求的目标厚度，就手动调节压下装置，使得轧出的厚度回到所要达到的目标厚度，几次调节把它控制在允许的厚度偏差范围之内，这就是一种闭环操作。在这一过程里，人在轧制过程中起到了比较、判断和操作的作用。由此可知，上述有检测的人工操作过程实质上是通过测厚仪发现差异，由人来纠正差异的过程。这里人的眼睛、大脑、手、轧机和测厚仪等便组成了一个人机闭环控制系统。将输出量反馈回来影响输入量的控制系统称为闭环控制系统，或称为反馈控制系统。如果将自动检测信号与设定值进行比较，得到与目标信号的偏差，再利用运算控制器自动完成偏差信号调节和控制信号输出，最后由电动执行器完成调节任务，使偏差得到消除，就成为自动控制系统。

图 2-2 是一种简单的轧件厚度闭环自动控制系统。它是借助于测厚仪测出实际的轧出厚度，并转换成相应的电压信号，然后将它与所要求的目标厚度相当的电压信号进行比较，得到与厚度偏差相当的偏差信号。偏差信号经放大器放大，控制可控硅导通角度，调节电动机通电时间，使压下螺丝向上或向下移动，从而使辊缝相应地改变。只要测厚仪精度足够，调节器、执行器或任何外扰因素影响出口厚度时，都会调节辊缝，自动地使实际轧出厚度保持在允许的厚度偏差范围内。即无论来料干扰还是调节执行机构本身的缘故，一旦厚度有偏差，出口监测装置就会报告出来。故反馈系统是所有自动控制系统的基础。

由于图 2-2 是采用模拟量信号实现控制，所以称它为模拟自动控制系统。被控对象的输出量能作用到控制部分的输入端，输入量与反馈量之差即为偏差量。偏差量加到控制器上，其作用是使系统的输出量接近于给定值或等于给定值。在这一系统中，扰动来自于来料厚度或温度的波动，一旦出现扰动，出口厚度在一段时间内受到影响。

然而，检测仪放在轧机后面一定距离（图 2-2），检测信号已经滞后一段时间，只能对后续部分进行控制，所以反馈控制

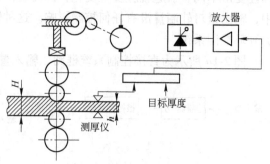

图 2-2　模拟式厚控系统

H—来料厚度；h—轧件出口厚度

是有滞后作用的。对短时突变，简单反馈控制还可能造成多余调节。尽管如此，由于测厚仪可以经常校对，检测精度是有保障的，故只安装一架测厚仪时，一般都在成品架之后，保证轧件后续部分不致偏差过大。

把模拟信号数字化，由数字调节器进行 PID 运算，再由执行机构实现控制，称为数字式控制。图 2-3 是采用数字控制器进行压下位置调整的自动控制系统。计算机周期性采集压下位置与设定值进行比较，按照预定的控制算法进行计算，然后通过压下电机的转动，自动地去调整压下位置，使轧件出口厚度保持在设定值上。

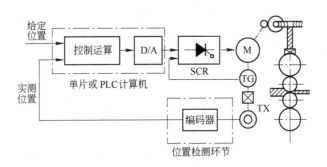

图 2-3　直接数字控制系统

M—压下电机；TG—测速电机；SCR—可控硅整流；TX—光电编码器

由图 2-2 和图 2-3 反馈原理可知，实现轧件厚度或压下位置的控制，基本上要完成 3 个步骤：（1）对被控量（即实际轧出厚度或压下位置）的正确测量与及时报告；（2）将实际测量的被控量与希望保持的给定值进行比较、PID 计算和控制方向的判断；（3）根据比较计算的结果发出执行控制的命令，使被控量恢复到所希望保持的数值上。根据上述原理，可以概括出单闭环自动控制系统的典型结构原理框图，如图 2-4 所示。

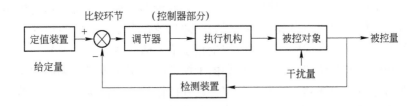

图 2-4　单闭环自动控制系统典型结构原理

在干扰量不很大的情况下，执行机构与被控对象可以按照设定值随意调节（包括非线性），但达到一定程度后，他们就可能出现耦合振荡或永久性破坏，控制系统输出就不再会及时跟踪给定值变化。调节器 PID 参数则影响调节过程的快慢和稳定性。

2.1.3　复合控制系统

自动控制系统还可以将开环和闭环系统合在一块进行控制，称为复合控制系统。在此种控制系统中，控制部分与被控制部分之间同时存在开环控制和闭环控制。采用复合控制系统的目的是使系统既具有开环控制系统的稳定性和前瞻性，又具有闭环控制系统的精度。图2-5是复合控制系统的方框图，在开环控制环节中，输出量依输入量作随动运动，与此同时，输出量还与给定量在闭环控制环节中进行比较，跟踪给定量进行调整，闭环控制环节的作用是提高输出量的随动精度。实现轧制复合控制需要测量来料厚度和温度，这些是前馈控制的依据，再由出口厚度预设辊缝，完成开环控制。反馈调整是现场检测量与给定量比较，进行输出控制，确保产品有稳定精度。这样在来料波动的情况下，包括头部在内也能轧出高精度轧材。

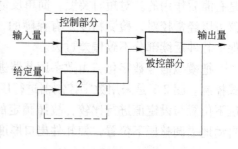

图2-5　复合控制系统方框图
1—输入检测及控制算法；2—比较及控制算法

2.2　自动控制系统的基本要求

在生产过程中，各种原料参数、设备状态参数经常受到外来干扰的影响，自动控制系统要能及时克服外来干扰的影响，使输出快速稳定在目标值上，这种能力称为系统的品质。在判定一个控制系统的品质时，除了要看它在稳定状态下误差（静差）的情况，还要看它在控制过程中的过渡状态和响应时间。如拖动系统品质好坏与负荷率共同影响动态速降的大小，这种动态速降常常会使连轧中出现咬入瞬间的机架间活套。因为这时如果原来前架出口轧件速度已经接近或略高于后架入口速度，轧件咬入瞬间造成负荷突升，电机速度短暂下降，前架轧件出口速度大于后架入口速度，就导致轧件出现堆积。在高速轧制时，若调整不及时，活套就会很快堆积过量而下垂，折叠起来进入辊缝，轧辊则因轧制力过大而断辊。这体现出工艺对控制响应速度的要求：轧速越高，对执行机构调节的时间要求就越短。

实际上，在机械运动系统中总是存在运动部件的惯性、与运动速度相关的摩擦阻力和工作负荷的大小不同，因而在自动控制过程中，它们会不同程度地使得执行机构的动作不能及时地随着输入信号变化，出现一定的延迟，即当被控量已达到给定值时，在短时间内还继续向调整的方向发展，这样便会使被控量超过给定值，从而产生符号相反的误差，因此又使执行机构向反方向动作。同样，也会由于惯性的作用使被控量偏离给定值。所以被控量往往会在给定值两边摆动，故实际的调节过程往往是一个振荡的过程。若这个振荡是减幅振荡，则系统最后会达到平衡状态，称此系统是稳定的，否则系统就是不稳定的。

以上分析说明，自动控制系统仅仅能满足稳定的要求还不够，还有调节过程的快慢，振荡次数，以及振荡时被控量与给定值之间的最大误差等要求，这三点统称为系统的暂态品质。显然，充足的调节动力与及时的检测信息对控制结果有很大影响。

2.2.1　自动控制系统的性能指标

2.2.1.1　自动控制系统的稳定性

控制系统静态是指被控制量不随时间变化的平衡状态，动态是指被控量随时间变化的不平衡状态。自动控制系统在受到扰动作用后，原平衡状态（或稳定状态）被打破，但经历一段时间后，进入另一个新的平衡状态（或稳定状态），这一过程称为过渡过程（或暂态响应过程、动态过程）。过渡过程的被控量随时间的变化情况体现了控制系统性能的好坏。

对自动控制系统的性能质量要求可以归结为 3 个方面：稳定性、准确性、快速性，这三方面的性能指标可以从系统过渡过程曲线中体现出来。扰动作用的地点、形式、幅值大小和频率高低不同，对被控量的影响也不同。一般地说，扰动信号是随机的、无法预测的，为了比较系统中参数或结构变化对性能的影响，即对不同系统进行性能的比较，人们选择一些典型的基本试验信号输入给系统，来测试系统的相应规律。

如图 2-6 所示，常用的典型的基本试验输入信号（在时域分析中）有阶跃输入、斜坡输入（或阶跃速度函数信号）、抛物线输入（阶跃加速度函数信号）、脉冲输入、正弦输入（或正弦函数信号）。阶跃信号是一种突变信号，控制系统如果对这种扰动作用最终能够稳定，则对于一般的扰动作用就完全能承受。因此，控制系统的性能指标可以用单位阶跃扰动后被控参数的过渡过程曲线来分析。

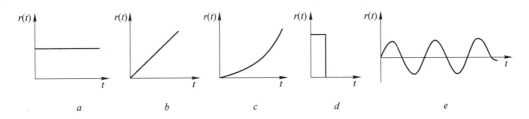

图 2-6　典型输入信号种类

a—阶跃函数；b—斜坡函数；c—抛物线函数；d—脉冲函数；e—正弦函数；

$r(t)$—输入信号；t—时间

图 2-7 表示在单位阶跃扰动（包括给定值做阶跃变化）作用下的几种典型输出过渡过程曲线。图 2-7a、图 2-7b 所示的过渡过程是稳定的，过渡过程结束后，系统恢复平衡，图 2-7a 中的曲线 1 所反映的过程是单调变化的，曲线 2 所反映的过程有单峰值，它们都属

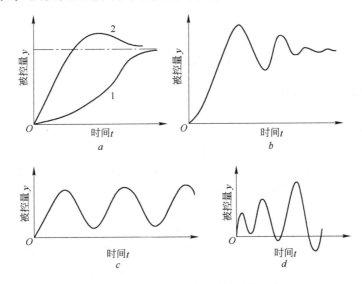

图 2-7　几种典型的输出过渡过程曲线

a—非周期振荡；b—衰减振荡；c—等幅振荡；d—发散振荡

于"非周期振荡"过程。图 2-7b 中的曲线表示"衰减振荡"过程，振幅越来越小。图 2-7c 曲线表示"等幅振荡"过程，振幅随时间延长保持不变。图 2-7d 曲线表示"发散振荡"过程，振幅越来越大。图 2-7c 和图 2-7d 所表示的过程是不稳定过程，而不稳定的系统不能正常工作，很可能引起事故，因此图 2-7c、图 2-7d 所表示的过程生产中必须避免。

只有稳定的系统才能完成正常的控制任务，有些场合甚至不允许有超调，如轧钢大型拖动电机，要防止传动接轴旋转振荡，避免电机发热和连接法兰承受双向剪力。

2.2.1.2　自动控制系统的性能指标

图 2-8 为给定值或扰动阶跃变化下的过渡过程标准曲线。

（1）余差（或静差、稳态误差）。余差是阶跃作用下的最终稳态偏差 $e(\infty)$，它是反映控制精度的一个稳态指标。

$$e(\infty) = r - y(\infty) = r - C \tag{2-1}$$

式中，$y(\infty)$ 为被控量 $y(t)$ 达到最终稳态时的值，图 2-8 用 C 表示；r 为被控量给定值。对于定位控制系统，$r = 0$，则有 $e(\infty) = -C$。

（2）超调量和最大偏差。设输出变量最终稳态值为 C，而输出变量超出其最终稳态值的最大瞬时幅值为 B，如图 2-8 所示。

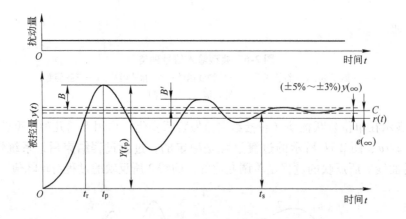

图 2-8　给定值或扰动阶跃变化下的过渡过程标准曲线

对于随动系统，定义超调量为：

$$\sigma = \frac{B}{C} \times 100\% \tag{2-2}$$

超调量反映超调情况，它是衡量稳定程度的指标之一。

（3）衰减比与衰减率。在阻尼振荡过程中，常用衰减比 n 来衡量衰减程度的另一个指标。它等于两个相邻的同波峰值之比，如图 2-8 所示。衰减比 n 为：

$$n = \frac{B}{B'} \tag{2-3}$$

式中，B 为前一峰值，B' 为后一峰值。$n = 1$ 是等幅振荡，系统是临界稳定；$n < 1$，系统是发散而不稳定的；n 越大，衰减越大，系统越稳定。故衰减比也是衡量稳定性的指标。为保持系统具有足够的稳定裕度，衰减比 n 常取 4 或 10。这样，系统大约在两个周期后可趋于稳定。

如果闭环系统是二阶振荡环节，则 σ 和 n 有一一对应关系，即：

$$n = \frac{1}{\sigma^2} \tag{2-4}$$

（4）调节时间与振荡频率。调节时间 t 是从过渡过程开始到结束所需的时间。过渡过程要绝对地达到新的稳态值，需要无限长的时间，一般认为当被控变量进入其与稳态值相对偏差为 $\pm 5\%$ 或 $\pm 3\%$ 范围内时，就算过渡过程结束，这时所需的时间就是 t_s，如图 2-8 所示。调节时间 t 是衡量控制系统快速性的一个指标。过渡过程振荡频率 β 是振荡周期 T 的倒数。在同样的振荡频率下，n 越大则调节时间 t_n 越短，在同样衰减比下，振荡频率越高，则调节时间越短。因此，振荡频率在一定程度上也可作为衡量快速性的指标。

（5）峰值时间与上升时间。被控变量达到最大值时的时间为峰值时间 t_p。上升时间 t_r 是从过渡过程开始到被控变量第一次达到给定值时的时间。以上质量指标是一般性规定，对于大部分无特殊要求的系统适用。

对已经安装连接的传动系统计算阻尼和固有频率很困难，对于有超调的系统，现场通过空转和有载时记录的速度变化，可以分析拖动系统的过渡特性。由图中上升时间 t_r、调节时间（过渡时间）t_s 及超调量 B，反推特性系数 ω_0、ξ 的算式如下：

阻尼系数：
$$\xi = -\frac{\ln\frac{\sigma}{100}}{\sqrt{\pi^2 + \left(\ln\frac{\sigma}{100}\right)^2}} \tag{2-5}$$

式中 σ—— 输出动态图上的超调百分数（B 所占百分比）。

固有频率：
$$\omega_0 \approx \frac{3.5}{t_s\xi} \tag{2-6}$$

对于阻尼系数 ξ 大于 1 的情况，输出没有超调，上述方法不再有效，这时可用一阶系统的分析方法来处理，它是以转速上升 57% 的时间作为衡量尺度。中型电机启动时间常为 1s 左右，大型电机达到 1.7s，超过这些数值，很可能电机输出无力，需要检修，否则不能完成正常转速的自动控制。

2.2.2 PID 控制规律

直接依靠偏差信号调节会带来很大调节延迟。对偏差信号进行比例、积分和微分调节运算称为 PID 控制，比例放大和微分是将偏差放大或通过微分给予短时间的强烈输出，这可以加快启动，减少死区。积分是将偏差累积起来，进行调整，达到消除静差的目的。减少比例放大或增加对象变动的阻尼可以减少震荡幅度，但也降低系统响应频率。

2.2.2.1 比例控制算法

比例控制算法的方程式有绝对值输出式和增量输出式。

绝对值输出式：
$$u(t) = K_e e(t) + u_0 \tag{2-7}$$

增量输出式：
$$\Delta u = K_e e(t) \tag{2-8}$$

式中 $u(t)$——控制器输出；

$e(t)$ ——设定值 $r(t)$ 和测量值 $y(t)$ 的偏差，即 $e(t) = r(t) - y(t)$；

　　K_e ——比例放大系数（又称比例增益）；

　　Δu ——电压差，$\Delta u = u(t) - u_0$。

2.2.2.2　PID 控制算法

除比例算法外还有积分控制算法、微分控制作用，其合成作用可用式（2-9）表示：

$$u(t) = K_e\left[e(t) + \frac{1}{T_i}\int_0^t e(t)\,\mathrm{d}t + T_d\frac{\mathrm{d}n(t)}{\mathrm{d}t}\right] + u_0 \qquad (2\text{-}9)$$

式中　T_i ——积分时间，s 或 min；

　　T_d ——微分时间，s 或 min；

　　u_0 ——使偏差趋于零时的稳态控制输出，即控制作用的初始稳态值。

PID 控制器对阶跃信号的响应见图 2-9。

当偏差做阶跃变化时，PID 控制器输出 u 在比例和微分作用下先上升，接着微分作用撤销，输出下降，积分随时间在起作用，输出呈现回升。加入微分作用带来的好处是，当积分作用使过程的闭环响应减慢，可用增大 K_e 来提高闭环响应速度，但 K_e 增大过多时，响应的振荡加剧，甚至导致不稳定性，所以 K_e 不能过大。这时，引入微分作用可使系统稳定性提高，这样就能选择合适的 K_e 值，当在保持适中的超调量和衰减系数下，获得满意的响应。但有些场合不能有丝毫的微分作用，如活套调节，只能 PI 作用，轻微的微分也会使活套支撑器大幅摆动。

图 2-10 为某棒材车间现场粗轧第 1 架轧机 600kW 直流拖动电机启动的转速曲线。为防止电机轴反复扭转，调节 PID 比例参数，使启动处于爬行状态，而且在启动 1s 时，改变阻尼由 1.2 转为 1.5，平稳升到空载转速。

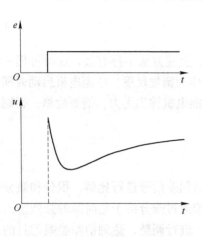

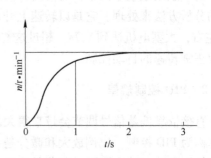

图 2-9　控制器的 PID 作用　　　　　　　图 2-10　阻尼分阶段的阶跃响应

2.2.2.3　离散实际 PID 控制算法

数字计算机对数据的处理在时间上是离散的，设采样周期为 T_0，则每经过一个采样周期进行一次数据采样、控制运算、数据输出，控制器输出并通过保持器使数据在采样间隔时间予以保持。离散理想 PID 控制算法可由连续理想 PID 控制算式直接经离散化导出。数字 PID 控制算法可分为 3 种形式：（1）位置式。位置式是直接给出控制器输出 $u(t)$。（2）增量式。增量算法的输出可直接通过步进电动机等具有多阶保持特性的累积性执行器转化为模拟量。（3）速度式。速度算法是增量输出与采样周期之比。3 种算法形式的选择与执行器形式和应用方便性有关。执行器形式有如下特点：

（1）位置式输出须经过 D/A 转换为模拟量，且要有保持器，使输出信号保持到下一采样周期输出信号到来时为止。

（2）增量算法的输出可直接通过步进电动机等具有多阶保持特性的累积性执行器相连转化为模拟量。

（3）速度算法的算出必须采用积分式执行机构。从应用方便性看，当采用增量和速度算法时，手动、自动切换比较方便，因为可以从手动时的 $U(K)$ 直接求得自动时的输出 $\Delta U(K)$ 和 $\Delta U(K)/T_0$。而且这两种算法不会发生积分饱和问题，只要 $e(t)$ 一换向，$\Delta U(K)$ 也立即换向。

上述的离散理想 PID 控制算法附带理想微分控制所固有的缺点：对高频干扰理想微分作用响应过于灵敏，容易引起振荡，降低控制品质；在实现计算机控制时，由于计算机对每一个回路的输出时间是很短暂的，而驱动执行器动作又需要一定时间，这样，对较大的输出在短暂的时间内，执行器往往达不到应有的开度，造成输出失真。离散理想 PD 中的微分作用，只在第一二个采样周期起作用，而在以后采样周期中微分作用立即消除。这样，控制系统初始得到较大控制能量，随后进入稳定控制，使启动加快。

实现数字 PID 时，参数可以任意给定，依据实际系统的响应，可以进行 PID 最优参数的估计，当编出程序自行确定 PID 参数时，称为参数自整定。有些轧钢调速电机的调节参数就是在现场通过启动和重负载下自整定来完成的。

2.3　调节器与执行器

调节器是实现 PID 运算的专门装置，最初由模拟放大器组成，调节器面板上有参数调节旋钮。执行器是电力驱动的机械装置或受控的电力电源。

2.3.1　DDZⅢ模拟调节器

DDZ 是电动组合仪表的缩称，它是一整套具有各自单一功能的模拟电动控制仪表模块，包括调节器、加法器、开方器等。DTL210 是 DDZⅢ系列的一种通用调节器，它首先完成被控量的比较，再进行比例、积分、微分运算，一般做成 8cm 宽、16cm 高，深度自由的标准封闭铁壳体，镶嵌在现场控制室的电控柜上，其输出也为统一标准的电压或电流信号。在计算机控制之前，用它们组成模拟控制系统，去控制执行机构的动作，实现生产过程的自动控制。

DTL210 型调节器的面板结构如图 2-11 所示。它由控制单元和指示单元两部分组成。控制单元包括输入电路、比例微分（PD）电路、比例积分（PI）电路、输出电路（U/I 转换电路）、软手动和硬手动电路。指示单元包括输入信号指示电路和设定信号指示电路。

有时控制条件偏差很大，自动控制通道无法完成正常控制，这时就需要手动控制，所以调节器需要自动、软手动之间有切换开关。切换时要有过渡，防止信号突变，故专门设计成双向切换无扰动。

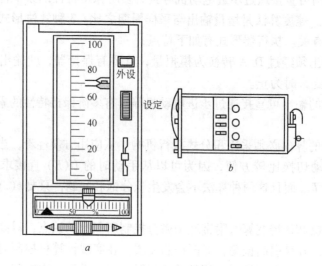

图 2-11　DTL210 型调节器面板

a—面板的正视图；b—面板的侧视图

2.3.2　数字 PID 调节器

模拟调节器功能单一，构成复杂，运算很不方便，逐步被数字调节器替代。数字调节器除完成一般运算和 PID 算法外，还扩展许多功能。

图 2-12 是 HSMD 系列智能调节操作器。它是一种以微处理器为核心的手动操作的控制仪表。它能实现控制功能的手动、自动双向无扰动切换，也可以作为计算机控制系统的输出单元，通过通讯接口实现控制输出及手动、自动切换。但目前，这类仪表已被 PLC 可编程控制器所取代。

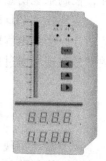

图 2-12　HSMD
调节器

2.3.3　电动执行器

自动控制系统中，执行器起具体控制作用，调节器运算的结果依靠执行器完成控制过程。电动执行器本身是个小闭环系统，它具有广泛含义，如轧钢大电机、打印机驱动步进电机。它也有检测和比较环节。如电动阀主体是由执行机构和调节阀两部分组成的，电动执行器使用电动机等动力来启闭调节阀。

最简单的电动执行器是开关电磁阀，它利用电磁铁的吸合和释放对小口径阀门作通、断两种状态的控制。由于结构简单，价格低廉，常和两位式简易控制器组成简单的自动控制系统，在生产中有一定的应用。除电磁阀外，其他连续动作的电动执行器都是使用电动机作为动力元件，将控制器送来的信号转变为阀的开度。

电动执行阀一般采用随动系统的控制方式，因为它的输入信号，即控制器的输出信号，对于执行机构来讲是未知的时间函数。图 2-13 是它的方框图。

从控制器来的信号通过伺服放大器驱动电动机，经减速器带动调节阀，同时经位置检测器将阀杆行程（转角）反馈给伺服放大器，组成位置随动系统。依靠位置负反馈，保证

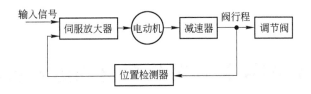

图 2-13   电动执行器的原理图

输入信号准确地转换为阀杆的行程。

　　电动执行阀中的减速机常在整个机构中占很大体积，这是因为伺服电机大都是高转速小力矩输出，必须经过近千倍的减速才能推动各种调节机构。目前电动执行机构中，常用的减速器有行星齿轮和蜗轮蜗杆两种。

　　一般在执行器上还设计有手动、自动切换装置，利用这个装置可以把执行器置于控制器的控制之下，也可以使执行器与控制器脱开，由人工控制执行器。

复习思考题

2-1　何谓自动控制系统？画出单回路控制系统的结构框图。

2-2　结合单架轧机厚度反馈示意图，分析图中各环节之间连接信号的形式和所代表的含义？

2-3　为什么控制系统各环节会有滞后作用，对控制有什么影响？

2-4　什么是 PID 控制，调节器的作用是什么，参数如何确定？

2-5　什么是数字 PID 控制，数字调节器为什么会代替电动组合仪表？

2-6　为什么说电动执行器本身具有广泛含义，其惯性在整个系统闭环控制中有什么影响？

3 轧制控制计算机系统的数学模型

本章要点 本章介绍了轧制过程计算机控制系统的基本特点和常见的建模方法，具体介绍了线性回归、神经元的原理和构建方法，最后介绍了热轧轧制力的模型和虚拟轧制的相关知识。

轧制本身是数学模型指导下的机械加工过程，在没有计算机控制的时代，只能在轧制前使用静态公式为轧机设定辊缝、转速。在有计算机控制的轧制过程中，数学模型是生产控制计算机的工作软件，例如，在连轧生产过程中，利用本构静态数学模型，事先对连轧机各架的辊缝、轧制压力、前滑系数、轧制速度、弯辊力等参数作出设定，并经常进行后计算。对于现场变数较大的参数，采用自学习、自适应模型。

轧制计算机控制的生产过程中涉及的数学模型各种各样，其特点如下：

（1）生产过程由多个环节组成，初始环节偏差影响后续环节能否按照模型所设定的状态特性运行，数学模型的预报精度直接影响自动控制的效果。

（2）由于轧制过程表面摩擦、前后张力随机变化，模型参数不可能跟踪变化，这样即便静态模型准确，使用也不很准确。需要自学习模型。而且，随着人们对轧制问题认识的深入，更准确、更简洁的公式也在出现，已用模型及算法在一定阶段需要修改升级。

（3）随着计算能力提高，计算机辅助技术也大有发展，刚塑性有限元、复杂模型自平衡计算模拟都是经常使用的有效手段。

轧制过程具有力学、运动学的动平衡特殊性，许多参数在现场或是随原料变动而变动，或与轧制历程有关，如辊面状态、轧件尺寸，因而轧制过程许多问题是随机的、动态和非线性的，但是由于确定性、静态、线性模型容易处理，并且往往可以作为初步的近似来解决问题，所以建模时常先考虑确定性、静态特性模型。连续模型便于利用微积分方法求出时域解，作进一步理论分析，而离散模型便于在计算机上作数值计算。

3.1 轧制过程数学模型

3.1.1 几种常用的数学模型

轧制过程中，几种常用的数学模型如下：

（1）初等模型。如果研究对象的机理比较简单，一般用静态、线性、确定性模型描述就能达到建模目的。

（2）简单的优化模型。优化问题是人们在工程技术、经济管理和科学研究领域中最常遇到的一类问题。优化模型可以用所有可能的条件进行比较的方法来处理问题。

（3）微分方程模型。当描述对象的某些特性随时间或空间而演变的过程、分析它的变化规律、预测它的未来特性、研究它的控制手段时，通常要建立对象的动态模型。建模时首先要根据建模目的和对问题的具体分析作出简化假设，然后按照对象内在的力学、运动学或电学规律列出微分方程，求出方程的解，就可以描述、分析和预测了。

（4）差分方程模型。动态连续模型用微分方程方法建立。与此对应，当时间变量离散化后，可以用差分方程建立动态离散模型。

（5）数学规划模型。许多实际问题是属于多决策变量、多约束条件的多元函数条件极值问题，不能用简单的微分方法进行求解，数学规划是解决这类问题的有效方法。

（6）统计回归模型。如果由于客观事物内部规律的复杂性及人们认识程度的限制，无法分析实际对象的因果关系来建立合乎机理规律的数学模型，通常的办法是搜集大量的数据，基于对数据的统计分析去建立数学模型，统计回归模型使用范围是一定的。

3.1.2 常用的典型轧制数学模型

从轧制变形区几何关系和轧制原理推出的本构模型，通常不包括设备特性的影响，故把他们称为静态模型，常用的静态轧制数学模型有：（1）压下规程（按经验、能耗、最大设备能力分配压下量，按比例凸度分配各道凸度）；（2）能耗模型（普通钢、低合金高强度钢、半合金钢、合金钢、控制轧制与冷却工艺钢、管线钢）；（3）温度制度（辊道辐射降温、变形区传导降温、高速变形发热升温）；（4）变形抗力（成分、组织、温度、变形程度、恢复历史、变形速度）；（5）轧制压力模型（热轧模型、冷轧模型）；（6）轧制力矩模型（有无张力、孔型影响的力臂模型）；（7）轧制功率模型；（8）弹跳模型（普通线性段模型、预压靠模型、预应力模型）；（9）轧机刚度模型（经验模型、压靠模型、自适应模型）；（10）速度设定模型（前滑模型）；（11）宽展计算模型（张力影响模型）；（12）厚度控制方式与模型；（13）宽度控制方式与模型；（14）位置控制方式与模型。这些模型大都在轧制原理课程上介绍过。

3.2 线性回归

无论是机理模型还是经验统计型模型为了用于一定的轧机必须利用该轧机的实测数据对模型系数进行统计分析，以使模型用于该轧机的具体条件下能获得要求的预报精度。现场收集数据进行统计分析时应注意的问题有：

（1）需要具有一定数量条件相同的实测数据以提高统计的可靠性。

（2）自变量应有较宽的范围以使统计结果较为稳定，当自变量范围太窄将使统计后的模型预报精度降低。

（3）需要对实测数据进行预处理，应将过于分散的实测点剔除后再进行统计分析。

（4）即使是经验统计型模型亦应根据机理分析确定主要影响因素及公式的大致结构，亦可以将试验数据先给出散点图以确定较好的公式结构，以有利于加快系数的统计分析。

（5）事先制订出试验方案，使数据收集有计划进行，这包括为了试验需轧制的规格和钢种，需要记录的数据、试验的编号等。

（6）模型建立后应在生产实际中进行验证，考虑到统计后模型具有的平均性质，因此一定的误差是允许的，在线控制时可以通过模型自学习来进一步提高精度。

下面介绍线性模型系数统计方法——回归分析法。

3.2.1 一元线性回归

一元线性回归模型的一般形式为：

$$y = a_0 + a_1 x$$

式中　y——模型的预报值。

当获得一批实验数据后可绘成散点图，实测值 y 由于各种因素不会完全落在直线上，这样每个实测值 y 都会存在一个残差 Δ：

$$\Delta_i = y_i - \hat{y}_i$$

y_i 为对应自变量 x_i 的实测值，$\hat{y}_i$ 为用 x_i 直线方程计算出的值，参数 a_0 和 a_1 最小二乘方原则要求残差的 Δ_i 平方和达到最小。

因此可写出：

$$Q = \sum_i \Delta_i^2 = \sum_i (y_i - \hat{y}_i)^2 = \sum_i (y_i - a_0 - a_1 x_i)^2$$

选取合适的 a_0 和 a_1 使 Q 最小：

$$\frac{\partial Q}{\partial a_0} = 2 \sum_i (y_i - a_0 - a_1 x_i)(-1) = 0$$

即：

$$\sum_i y_i - \sum_i a_0 - b \sum_i x_i = 0 \quad (i = 1 \sim n)$$

由于 $\sum_i a_0 = n a_0$，而：

$$\bar{x} = \sum_i x_i / n, \bar{y} = \sum_i y_i / n$$

因此得

$$a_0 = \bar{y} - a_1 \bar{x}$$

式中，$\bar{x}$ 和 $\bar{y}$ 为 x 和 y 的平均值。

$$\frac{\partial Q}{\partial a_1} = 2 \sum_i (y_i - a_0 - a_1 x_i)(-x_i) = 0$$

所以有：

$$\sum_i x_i y_i - a_0 \sum_i x_i - a_1 \sum_i x_i^2 = 0$$

将 a_0 表达式代入后得：

$$\sum_i x_i y_i - \bar{y} \sum_i x_i + a_1 \bar{x} \sum_i x_i - a_1 \sum_i x_i^2 = 0$$

所以有：

$$a_1 = \frac{\sum_i x_i y_i - \frac{1}{n} \sum_i x_i \sum_i y_i}{\sum_i x_i^2 - \frac{1}{n} (\sum_i x_i)^2}$$

用此 a_0 和 a_1 所得的直线称为最小二乘意义下的最优直线，亦称为回归直线。

3.2.2 多元线性回归

多元线性回归模型的方程为：

$$y = a_0 + a_1 x_1 + a_2 x_2 + \cdots + a_m x_m + \Delta$$

式中　　　　　　　　　y——因变量；

x_1，x_2，x_3，$\cdots$，x_m——m 个自变量（主要影响因素）；

a_0，a_1，a_2，$\cdots$，a_m——模型的 $m+1$ 个系数；

Δ——模型的误差。

采集大量数据并进行删选后得到一批（n 组）数据：y_i，x_i，x_{2i}，$\cdots$，$x_{mi}(i = 1 \sim n)$。在此基础上得到下列方程组：

$$y_1 = a_0 + a_1 x_{11} + a_2 x_{21} + \cdots + a_m x_{m1} + \Delta_1$$

$$y_2 = a_0 + a_1 x_{12} + a_2 x_{22} + \cdots + a_m x_{m2} + \Delta_2$$

$$\vdots$$

$$y_n = a_0 + a_1 x_{1n} + a_2 x_{2n} + \cdots + a_m x_{mn} + \Delta_n$$

其中，$n \gg (m + 1)$。

这样得到一组方程数远大于未知数的"多余方程组"，而这些方程又都带有误差。常用"误差项平方和最小"作为最优准则，又称最小二乘回归分析法（多元回归）。

误差平方和最小即：

$$J = \sum_{j=1}^{n} \Delta_j = \sum_{j=1}^{n} [y_i - (a_0 + a_1 x_{1j} + a_2 x_{2j} + \cdots + a_m x_{mj})]^2 = 最小$$

从函数极值的必要条件可得 $m+1$ 个方程，即：

$$\frac{\partial J}{\partial a_0} = 0$$

$$\frac{\partial J}{\partial a_1} = 0$$

$$\vdots$$

$$\frac{\partial J}{\partial a_m} = 0$$

由此可得：

$$\frac{\partial J}{\partial a_0} = -2 \sum_{j=1}^{n} [y_i - (a_0 + a_1 x_{1j} + a_2 x_{2j} + \cdots + a_m x_{mj})] = 0$$

则：

$$na_0 = \sum_{j=1}^{n} y_i - a_1 \sum_{j=1}^{n} x_{1j} - a_2 \sum_{j=1}^{n} x_{2j} - a_m \sum_{j=1}^{n} x_{mj}$$

所以：
$$a_0 = \bar{y} - a_1\bar{x}_1 - a_2\bar{x}_2 - \cdots - a_m\bar{x}_m$$

其中
$$\bar{y} = \frac{1}{n}\sum_{j=1}^{n}y_i, \bar{x} = \frac{1}{n}\sum_{j=1}^{n}x_{ij} \quad (i = 1 \sim m)$$

而
$$\frac{\partial J}{\partial a_i} = 0 \quad (i = 1 \sim m)$$

$$\frac{\partial J}{\partial a_i} = -2\sum_{j=1}^{n}\{[y_i - (a_0 + a_1x_{1j} + a_2x_{2j} + \cdots + a_mx_{mj})]x_{ij}\} = 0$$

$$\sum_{j=1}^{n}x_{ij}y_i - a_0\sum_{j=1}^{n}x_{ij} - a_1\sum_{j=1}^{n}x_{1j}x_{ij} - \cdots - a_i\sum_{j=1}^{n}x_{ij}^2 - \cdots - a_m\sum_{j=1}^{n}x_{mj}x_{ij} = 0$$

将 a_0 代入后，假设：

$$l_{ij} = \sum_{j=1}^{n}x_{ij}y_i - \frac{1}{n}\left(\sum_{j=1}^{n}x_{ij}\right)\left(\sum_{j=1}^{n}y_i\right), (i = 1,2,\cdots,m)$$

$$l_{ik} = l_{ki} = \sum_{j=1}^{n}x_{ij}x_{kj} - \frac{1}{n}\left(\sum_{j=1}^{n}x_{ij}\right)\left(\sum_{j=1}^{n}x_{kj}\right), (i,k = 1,2,\cdots,m)$$

化简后整理得 a_1，a_2，$\cdots$，a_m 必须满足的下列 m 个方程：

$$l_{11}a_1 + l_{12}a_2 + \cdots + l_{1m}a_m = l_{1y}$$
$$l_{21}a_1 + l_{22}a_2 + \cdots + l_{2m}a_m = l_{2y}$$
$$\vdots$$
$$l_{m1}a_1 + l_{m2}a_2 + \cdots + l_{mm}a_m = l_{my}$$

解出 m 个未知数 a_1，a_2，$\cdots$，a_m，将 a_1，a_2，$\cdots$，a_m 代入求 a_0 公式可以求出未知数 a_0。此即为模型系数在最小二乘意义下的最优估计值 $\hat{a}_0$，$\hat{a}_1$，$\cdots$，$\hat{a}_m$。

多元线性回归方程的剩余标准差为：

$$S = \sqrt{\frac{Q}{n - m - 1}}$$

式中 Q——剩余平方和。

而
$$l_{yy} = \sum_{j=1}^{n}y_i^2 - \frac{1}{n}\left(\sum_{j=1}^{n}y_i\right)^2$$

y 和 x_1，$\cdots$，x_m 的线性关系密切程度可用复相关系数 R 来检验，即：

$$R = \sqrt{1 - \frac{Q}{l_{yy}}}$$

R 越大表示 y 和 x_1，$\cdots$，x_m 的线性关系越密切，如 R 太小则应改变模型结构。

3.3   自学习与自适应算法

3.3.1   数学模型的自学习

轧制过程到目前为止，由于变形区边界条件远不够准确，设定参数也就与实际不能很好相符。如普通轧制力预报就不够准确，致使辊缝设定不准确，每道次厚度偏差又影响后续道次。

自适应是将当前预报的设定值与刚得到的测量值进行比较，用它们的偏差校正数学模型系数，使数学模型与当前轧制状态相匹配，直到计算值与测量值相一致为止。这是一种计算机控制中应对既有规律但又多变化过程的有效工程方法。

一种习惯的叫法是"自学习模型"。模型的自学习也叫做模型的自适应修正。例如轧制力模型的自学习、温度模型的自学习、功率模型的自学习。还有自学习方法，可以选择以往有效的实测数据修改模型结构。

轧制采用自学习自适应的根本原因在于影响数学模型实际应用精度的三方面因素。一个因素是实际材料的不确定性，即轧件材料的特性和尺寸在实际轧制生产过程中会发生变化，例如同一标号板坯的化学成分会产生波动、板坯加热温度和辊道搁置时间会发生变化。另外一个因素是轧机的变化，例如存在间断时间较长的连铸连轧薄板坯车间，轧辊产生较大的热膨胀波动；还有轧制变形量和里程使轧辊表面磨损程度难以估计。第三个因素是测量仪表的误差，例如仪表的噪声、仪表零位的漂移等。因此在实际热轧生产过程中，没有一个数学模型能够自始至终地达到高精度预报。良好的设备状态和稳定的工艺制度是提高模型精度的前提条件和必要条件，实际生产只有短期一致性，所以只有进行在线自适应修正（自学习），使数学模型随时跟踪实际，才能保证预报精度。

3.3.2　数学模型的自学习算法

数学模型自学习的基本原理是在线自适应修正。也就是利用生产过程中比较可靠的数据，通过一定的自适应算法，对数学模型的有关参数，或者对数学模型的自适应修正系数进行在线、实时的修正。自适应修正算法有许多种类，例如增长记忆递推法、渐消记忆递推法、卡尔曼滤波法、指数平滑法等。热轧生产过程中自学习算法用得最多的还是指数平滑法，指数平滑法的基本公式如下。

某一过程的线性函数关系式为：

$$y = a_1x_1 + a_2x_2 + \cdots + a_mx_m + \beta \tag{3-1}$$

式中　x_1，x_2，$\cdots$，x_m——对模型有直接影响的重要因素；

　　　a_1，a_2，$\cdots$，a_m——各变量因素的重要程度；

　　　　　　　β——预报值与实际值的偏差或修正量，它是自学习系数，也称自适应系数。

β 可根据每次预报与实际的偏差来修正，但不会立即用上次偏差来替换，而用一种带衰减的方法来计算替换。

$$\beta_{n+1} = \beta_n + \alpha(\beta_n^* - \beta_n) \tag{3-2}$$

式中　β_n——第 n 次的预报值；

　　　β_n^*——第 n 次的实际值；

　　　α——平滑指数。

指数平滑法的实际含义是，第 $n+1$ 次的预报值等于在第 n 次的值的基础上加上一个修正量，这个修正量就是第 n 次的实际偏差 β_n^* 和第 n 次的计算值 β_n 之间的偏差值。平滑指数 α 的取值范围在 $0\sim1$ 之间。当平滑指数 α 等于 1 时，$\beta_{n+1}=\beta_n^*$，也就是第 $n+1$ 次的

值完全等于第 n 次的实际值。当平滑指数 α 等于 0 时，$\beta_{n+1} = \beta_n$，也就是第 $n+1$ 次的值完全等于第 n 次的预报值。所以平滑指数 α 是偏差值修正作用的"权重"。一般既考虑稳健又考虑修正速度，α 取 0.4～0.6。

对数学模型进行自学习，一定要有现场实测数据参照，然后才能通过指数平滑法计算出新的自学习系数，计算时，越离 $n+1$ 次远的信息被利用得越少，证明如下。

指数平滑公式可写成：

$$\begin{aligned} \beta_{n+1} &= \beta_n + \alpha(\beta_n^* - \beta_n) \\ &= \alpha\beta_n^* + (1-\alpha)\beta_n \\ &= \alpha\beta_n^* + (1-\alpha)\left[\alpha\beta_{n-1}^* + (1-\alpha)\beta_{n-1}\right] \\ &= \alpha\beta_n^* + \alpha(1-\alpha)\beta_{n-1}^* + \alpha(1-\alpha)^2\beta_{n-2}^* + (1-\alpha)^3\beta_{n-2} \end{aligned}$$

由此可见，计算机不必记忆每个历史数据，因为每个偏差都包含前一个偏差的信息。

在生产过程中可以直接通过检测仪表测量出，或者间接地计算出来数学模型输出变量 Y 的实际值和模型输入变量 X 的实际值。现在把生产过程中模型输出变量 Y 的第 n 次实际测量值记作 Y_n^*，模型输入变量 X 的第 n 次实际测量值记作 X_n^*，自学习系数的"实测值"，也叫瞬时值记作 β_n^*，来推导出用指数平滑法进行自学习的公式。实际上，瞬时值一般是不能够直接测量出来的。所以，如何利用以往能够测量的数据计算出数学模型自学习修正系数的"实测值"，即瞬时值，就是最重要的事情了。对于乘法自学习，瞬时值的计算公式为：

$$\beta_n^* = \frac{Y_n^*}{f(X_{n1}^*, \ X_{n2}^*, \cdots, X_{nn}^*)} \tag{3-3}$$

对于加法自学习，瞬时值的计算公式为：

$$\beta_n^* = Y_n^* - f(X_{n1}^*, X_{n2}^*, \cdots, X_{nn}^*) \tag{3-4}$$

最后利用指数平滑法可以得出第 $n+1$ 次"新的"自学习系数。

在 L2 过程控制级计算机中建立了每个数学模型的自学习文件，按照钢种、成品厚度、成品宽度等各种条件划分成不同的记录（record）。在轧制第 n 块钢时，模型设定程序将从自学习文件中取出 β_n 值用于设定计算。当第 n 块钢在轧制过程中，模型自学习程序根据实际测量数据推算出自学习系数的"实测值"，β_n^* 再使用指数平滑法对 β_n 进行自学习，计算出新的 β_{n+1} 来替代 β_n，存储到自学习文件中，以便在相同条件下的第 $n+1$ 块钢设定计算时使用。这个过程叫做自学习系数的"更新"。

平滑指数也不是一成不变的，为防止厚度控制发生振荡，必须使学习速度减慢，即系数 α 逐渐变小。具体算法如下：

$$\alpha = \alpha_{min} + \frac{\alpha_{max} - \alpha_{min}}{0.4z + 1} \tag{3-5}$$

式中，α_{max} 和 α_{min} 分别取 0.9 和 0.6。

数学模型自学习的计算过程一般分为：

（1）实际数据处理。按照一定的方法，从基础自动化计算机传送来的实际采样值中选择数据。对选好的数据进行处理，例如去掉数据中的最大值和最小值，然后求平均值。

（2）自学习条件的判断。检查是否满足模型自学习的条件，例如操作人员对轧机的压下位置或轧机速度干预太多，就不进行自学习。以避免由于异常条件使得自学习系数"变坏"。

（3）自学习系数的更新。前面已经介绍过，主要包括自学习系数"瞬时值"的计算和指数平滑法。

3.3.3　精轧模型的自学习内容

对精轧机而言，最常见的有以下 7 项自学习功能，见表 3-1。

表 3-1　精轧模型自学习内容

序号	模型自学习功能	目　　的
1	压下位置的自学习	为了消除轧辊热膨胀和轧辊磨损造成的压下位置偏差，进行轧材厚度和设定厚度之间偏差的自学习
2	前滑模型的自学习	为了使各机架的速度平衡，对前滑模型进行自学习
3	出口温度和实测粗轧出口	为了补偿出炉温度的偏差，对预报粗轧出炉温度的自学习温度之间的偏差进行自学习
4	温降偏差的自学习	为了提高温度模型的计算精度，对从 RDT 到 FDT 的温降偏差进行自学习
5	轧制力模型的自学习	为了提高轧制力模型的计算精度，对预报轧制力和实测轧制力之间的偏差进行自学习
6	功率模型的自学习	为了提高功率模型的计算精度，对预报轧制功率和实测轧制功率之间的偏差进行自学习
7	精轧出口宽度（FDW）的自学习	为了补偿由精轧机轧制引起的宽度偏差，对粗轧出口的宽度和精轧出口的宽度之间的偏差进行自学习

除此以外，在有的热轧计算机系统中，还对基准钢的温度分布、穿带时的温度分布、与变形有关的变形抗力、与轧辊有关的力臂系数、硬度系数等进行自学习。下面简述自学习的处理流程：

（1）采集实际数据。为了进行自学习，采集生产过程的实际数据，有如下两种采集方法：

1）同时数据。在同一时刻采集所有机架的有关数据，这种数据叫做"同时数据"。在每个机架采集数据的开始时序为：末机架 Metal In + Timer。"同时数据"用于压下位置（辊缝）的自学习。Timer 为延迟时间，其数值可以在线调整。

2）同点数据。在轧件同一点上采集所有机架的有关数据，这种数据叫做"同点数据"。在每个机架采集数据的开始时序为：每一个机架 Metal In + Timer。"同点数据"用于除了压下位置（辊缝）以外的其他项目的自学习。

（2）检查实际测量数据。检查各种实测数据的合理性，对实际数据进行极限值检查，判断设定值与实际值的偏差是否超过了给定的限制值。如果数据异常时，就输出报警，对本块钢不再进行数学模型的自学习，以避免由于测量数据的异常而造成的错误自学习。

主要检查的数据有：PDI 数据、带坯的厚度、宽度、温度、精轧温度、轧制力、轧制功率、轧机速度、电流、电压等。

（3）计算实际测量数据的平均值。采用如下算法对实际数据计算平均值。

$$\text{实际数据平均值} = \frac{\sum_{i=1}^{n} X_i - X_{\max} - X_{\min}}{n - 2} \tag{3-6}$$

即去掉一个最大值，去掉一个最小值，然后取其平均值。

（4）更新自学习系数。首先计算各个自学习项目的"瞬时值"，然后进行指数平滑法的修正，最后更新自学习系数。即把新的自学习系数存储到学习文件中，供下次轧制时使用。下面以轧制力模型的自学习为例，具体说明自学习的过程。

首先定义 R_{cr} 为轧制力模型的自学习修正系数，并且采用乘法自学习。这样，轧制力模型有如下形式：

$$P_f(i) = R_{cr}(i) B K_m(i) L_d(i) Q_p(i) \tag{3-7}$$

根据指数平滑法，轧制力模型的自学习系数的"更新"公式为：

$$R_{cr_{n+1}} = R_{cr_n} + \alpha(R_{cr_n}^* - R_{cr_n}) \tag{3-8}$$

式中　R_{cr}——存储在自学习文件中的轧制力模型的自学习修正系数。

通过轧制力模型反算出自学习修正系数的"实际值"$R_{cr_n}^*$ 为：

$$R_{cr_n}^* = \frac{P_f^*}{B^* K_m^* L_d^* Q_p^*} \tag{3-9}$$

式中　P_f^*——实际测量的轧制力，kN；

　　　B^*——精轧出口带钢的实测宽度，mm。

K_m^*、Q_p^* 和 L_d^* 是利用实际测量的精轧出口带钢的厚度、温度、轧机速度、张力等参数通过变形抗力模型、应力状态系数模型和压扁接触弧长公式计算出来的。从这个计算过程可以看出：轧制力模型自学习修正系数的实测值 $R_{cr_n}^*$ 实质上是实际测量的轧制力 P_f^* 和模型计算出来的轧制力之间的比值。$R_{cr_n}^*$ 的值越接近于 1.0，说明轧制力模型的计算精度越高。

3.4　神经网络及其应用

3.4.1　神经网络概述

人工神经网络（简称 ANN）的发展始于 20 世纪 40 年代初。1943 年，心理学家 W. McCulloch 和数学家 W. Pitts 建立起了著名的阈值加权和模型，简称 MP 模型。用简单的数学模型实现对生物神经元生理特征的描述，但只限于一阶特性，系统地讨论了"神经-逻辑网络"，这种网络就是通过一些简单的处理单元相互连接组成，而这些处理单元是通过研究生物的神经元的行为抽象得来的。

经过长时期的探索研究，1982 年 J. Hopfield 提出了 Hopfield 模型，在此基础上，David Rumelhart 等人提出了误差反向传播（Error Back Propagation）学习方法（简称 BP 算法），

BP算法解决了在多层神经网络学习训练过程中，中间隐含层各连接权重的调节方法问题。从此神经网络得到广泛的应用，很快渗透到计算机图像处理、语音处理、优化计算、智能控制等领域，并取得了很大的进展。

经过近半个世纪的发展，神经网络理论在模式识别、自动控制、信号处理、辅助决策、人工智能等众多研究领域取得了广泛的成功。关于学习、联想和记忆等具有智能特点过程的机理及其模拟方面的手段越来越丰富。但是人工神经网络还存在着许多问题亟待解决，因而有时不能满足用户的需求。目前，人工神经网络已广泛应用于钢铁行业，在烧结、板形识别、宽度预报等方面都有应用的实例。

3.4.2 BP 神经网络的基本模型

通常所说的 BP 模型，即误差后向传播神经网络，是神经网络模型中使用最广泛的一类。从结构上看，BP 网络是典型的多层网络。它分为输入层、多个隐蔽层和输出层，每个隐蔽层上可设多个神经元节点。从输入层的各节点开始，向隐蔽层各节点用随机权值向量联结，层与层之间也这样互联，直到输出层。同一层单元之间不存在相互连接，不同层之间结点连接后，再用开关型函数联系起来（输入层单元除外），即一种非线性输入输出关系。为能用连续数学模型表示，一般选用 Sigmoid 型作用函数，一种 S 型函数，即：

$$f(x) = \frac{1}{1 + \exp(-x)} \tag{3-10}$$

设三层 BP 网络输入层有 M 个节点，输出层有 L 个节点，而且隐层只有一层，具有 N 个节点。一般情况下 $N > M > L$。设输入层的神经节点的输入为 $a_i(i = 1, 2, \cdots, M)$；隐层节点的输出为 $a_j(j = 1, 2, \cdots, N)$；输出层的神经节点的输出为 $y_k(k = 1, 2, \cdots, L)$；神经网络的输出向量为 y_m；期望的网络输出向量为 y_p。下面讨论一阶梯度优化方法，即 BP 算法。

3.4.2.1 网络各层神经节点的输入输出关系

输入层第 i 个节点的输入为：

$$net_i = \sum_{i=1}^{M} x_i + \theta_i \tag{3-11}$$

式中，$x_i(i = 1, 2, \cdots, M)$ 为神经网络的输入；θ_i 为第 i 个节点的阈值。对应输出为：

$$a_i = f(net_i) = \frac{1}{1 + \exp(-net_i)} = \frac{1}{1 + \exp(-\sum_{i=1}^{M} x_i - \theta_i)} \tag{3-12}$$

在 BP 网络学习中，非线性特性的学习主要由隐层和输出层来完成。一般令：

$$a_i = x_i \tag{3-13}$$

隐层的第 j 个节点的输入为：

$$net_j = \sum_{j=1}^{N} \omega_{ij} + \theta_j \tag{3-14}$$

式中，ω_{ij}、θ_j分别为隐层的权值和第 j 个节点的阈值。对应的输出为：

$$a_j = f(net_j) = \frac{1}{1 + \exp(-net_j)} = \frac{1}{1 + \exp\left(-\sum\limits_{j=1}^{N} \omega_{ij} a_i - \theta_j\right)} \tag{3-15}$$

输出层第 k 个节点的输入为：

$$net_k = \sum_{k=1}^{L} \omega_{jk} a_j + \theta_k \tag{3-16}$$

式中，ω_{jk}、θ_k 分别为输出层的权值和第 k 个节点和阈值。对应的输出为：

$$y_k = f(net_k) = \frac{1}{1 + \exp(-net_k)} = \frac{1}{1 + \exp(-net_k)} = \frac{1}{1 + \exp\left(-\sum\limits_{k=1}^{L} \omega_{jk} a_j - \theta_k\right)}$$

$$\tag{3-17}$$

3.4.2.2　BP 网络权值调整规则

定义每一样本的输入输出模式对应的二次型误差函数为：

$$E_p = \frac{1}{2} \sum_{k=1}^{L} (y_{pk} - a_{pk})^2 \tag{3-18}$$

则系统的误差代价函数为：

$$E = \sum_{p=1}^{P} E_p = \frac{1}{2} \sum_{p=1}^{P} \sum_{k=1}^{L} (y_{pk} - a_{pk})^2 \tag{3-19}$$

式中，P 和 L 分别为样本模式对数和网络输出节点数。问题是如何调整连接权值使误差代价函数 E 最小。下面讨论最速下降法。

（1）当计算输出节点时，$a_{pk} = y_k$，网络训练规则将使 E 在每个训练循环按梯度下降，则权系数修正公式为：

$$\Delta \omega_{jk} = -\eta \frac{\partial E_p}{\partial \omega_{jk}} = -\eta \frac{\partial E}{\partial \omega_{jk}} \tag{3-20}$$

为了简便，式中略去了 E_p 的下标。若 net_k 指输出层第 k 个节点的输入网络；η 为按梯度搜索的步长，$0 < \eta < 1$，则：

$$\frac{\partial E}{\partial \omega_{jk}} = \frac{\partial E}{\partial net_k} \frac{\partial net_k}{\partial \omega_{jk}} = \frac{\partial E}{\partial net_k} a_j \tag{3-21}$$

定义输出层的误差反传信号为：

$$\delta_k = -\frac{\partial E}{\partial net_k} = \frac{\partial E}{\partial y_k} \frac{\partial y_k}{\partial net_k} = (y_{pk} - y_k) \frac{\partial}{\partial net_k} f(net_{jk}) = (y_{pk} - y_k) f'(net_k) \tag{3-22}$$

对式（3-17）两边求导，有：

$$f'(net_k) = f(net_k)[1 - f(net_k)] = y_k(1 - y_k) \tag{3-23}$$

将式（3-23）代入式（3-22），可得：

$$\delta_k = y_k(1 - y_k)(y_{pk} - y_k) \quad k = 1,2,\cdots,L \tag{3-24}$$

（2）当计算隐层节点时，$a_{pk} = a_j$，则权系数修正公式为：

$$\Delta\omega_{ij} = -\eta \frac{\partial E_p}{\partial \omega_{ij}} = -\eta \frac{\partial E}{\partial \omega_{ij}} \tag{3-25}$$

为了简便，式中略去了 E_p 的下标，于是有：

$$\frac{\partial E}{\partial \omega_{ij}} = \frac{\partial E}{\partial net_j} \frac{\partial net_j}{\partial \omega_{ij}} = \frac{\partial E}{\partial net_j} a_i \tag{3-26}$$

定义隐层的反传误差信号为：

$$\delta_j = -\frac{\partial E}{\partial net_j} = -\frac{\partial E}{\partial a_j} \frac{\partial a_j}{\partial net_j} = -\frac{\partial E}{\partial a_j} f'(net_j) \tag{3-27}$$

其中

$$-\frac{\partial E}{\partial a_j} = \sum_{k=1}^{L} \frac{\partial E}{\partial net_k} \frac{\partial net_k}{\partial a_j} = \sum_{k=1}^{L} \left(-\frac{\partial E}{\partial net_k} \frac{\partial}{\partial a_j} \sum_{j=1}^{N} \omega_{jk} a_j \right)$$

$$= \sum_{k=1}^{L} \left(-\frac{\partial E}{\partial net_k} \right) \omega_{jk} = \sum_{k=1}^{L} \delta_k \omega_{jk} \tag{3-28}$$

又由于 $f'(net_j) = a_j(1 - a_j)$，所以隐层误差反传信号为：

$$\delta_j = a_j(1 - a_j) \sum_{k=1}^{L} \delta_k \omega_{jk} \tag{3-29}$$

为了提高学习效率，在输出层权值修正式（3-20）和隐层权值修正式（3-25）的训练规则上，再加上一个动量项，隐层权值和输出层权值修正式为：

$$\omega_{ij}(k+1) = \omega_{ij}(k) + \eta_j \delta_j a_i + \alpha_j [\omega_{ij}(k) - \omega_{ij}(k-1)] \tag{3-30}$$

$$\omega_{jk}(k+1) = \omega_{jk}(k) + \eta_k \delta_k a_j + \alpha_k [\omega_{jk}(k) - \omega_{jk}(k-1)] \tag{3-31}$$

式中，η、α 均为学习速率系数。η 为各层按梯度搜索的步长，α 是各层决定过去权值的变化对目前权值变化的影响系数，又称为记忆因子。k 为迭代次数 $\omega_{ij}(k) - \omega_{ij}(k-1)$ 等于上次迭代时的 $\eta_j \delta_j a_i$，这里阈值赋初值为零。

3.4.3 轧制过程基于 BP 神经网络的实际应用

可以利用神经网络法建立热轧数学模型，也可利用神经网络法进行数学模型的自学习，国内外发布了许多研究和应用成果。在这方面德国西门子公司一直处于领先地位，从1995 年至今，发表了许多文章，并且将其研究成果应用于许多热轧生产线上（包括国内的由西门子公司提供控制系统和数学模型的热轧生产线），取得了令人满意的效果。主要在如下几方面应用：

（1）用神经网络法预报轧制力，用神经网络法修正轧制力的预报值。

（2）用神经网络法预报温度，用神经网络法修正温度模型的系数。

（3）用神经网络法预报轧件的宽展。

（4）用神经网络法进行带钢宽度的短行程控制。

（5）用神经网络法进行带坯的优化剪切控制。

其中，用得最多的还是针对轧制力模型。这里又分成以下几种计算方法：

（1）用神经网络法直接预报轧制力。选取和轧制力相关的因素作为神经网络的输入层，例如轧件的入口厚度、出口厚度、入口温度、出口温度、出口宽度、轧制速度、各种化学成分（C、Si、Mn、Cu、Ti、V、Mo 等）。神经网络的输出层为轧制力。利用生产现场采集的实际数据进行神经网络的训练和离线仿真，然后从输入层删除一些影响小的因素，并且确定隐含层的数量，最终建立神经网络轧制力模型。

（2）用神经网络法直接预报变形抗力。本方法同方法（1）的区别在于神经网络的输出层不是轧制力，而是变形抗力。然后将变形抗力值代入常规的轧制力模型，计算出轧制力。

（3）用神经网络法修正轧制力预报值。本方法同方法（1）的区别在于神经网络的输出层不是轧制力，而是轧制力的修正值。

（4）将常规轧制力数学模型的预报轧制力作为神经网络的输入层。本方法基本同方法（1），只不过在神经网络的输入层中加上了常规轧制力数学模型的预报轧制力，并且可以相应地减少输入层的元素。

3.5 现场模型应用举例

3.5.1 轧制力模型

在热连轧生产过程中，轧制压力机压下位置（辊缝）的设定精度直接影响带钢头部的厚度精度，并且数学模型中的轧制力是制定工艺制度、调整轧制规程、提高产品质量、扩大产品范围、充分合理地挖掘设备潜力、实现生产过程计算机控制的重要原始参数。同时它还被广泛地用于机械设备的强度设计与校核中。因此，自从 20 世纪 60 年代世界上第一个带钢热连轧计算机控制系统投入在线使用之后，人们就不断地探索带钢热连轧轧制压力数学模型的建模方法和求解方法。大多数轧制压力数学模型的共同特点是在轧制压力数学模型中除了考虑轧件的宽度和轧辊的接触弧长之外，都把轧制压力分解成两个函数的乘积，一个函数是变形抗力，另一个函数是应力状态系数。前者（变形抗力）描述了轧件在高温、高速变形的过程中对轧制压力的影响；后者（应力状态系数）描述了轧件在几何尺寸变化过程中对轧制压力的影响。其形式如下：

$$F = K_m Q_p L_d W \tag{3-32}$$

式中　F——轧制压力；

　　　　K_m——变形抗力；

　　　　Q_p——应力状态系数；

　　　　L_d——轧辊的接触弧长；

　　　　W——轧件的宽度。

传统的 SIMS 常用来计算热轧板带单位宽度的轧制力：

$$F = \frac{2}{\sqrt{3}} K_m Q_p \sqrt{R'\Delta h} \qquad (3\text{-}33)$$

其中变形工作辊半径 R' 由下式确定：

$$R' = R\left(1.0 + \frac{16}{\pi E'}\frac{F}{\Delta h}\right) \qquad (3\text{-}34)$$

应力状态系数由式（3-35）确定：

$$Q_p = \frac{\pi}{2f(h)}\tan^{-1}f(h) - \frac{\pi}{4} - \frac{\sqrt{R'h_2}}{f(h)}\times$$

$$\left[\ln\left(\frac{2R'(1-\cos\phi)+h_2}{h_2}\right) + \frac{1}{2}\ln(1-r)\right] \qquad (3\text{-}35)$$

$$\phi = \tan\left[\frac{\pi\ln(1-r)}{8\sqrt{R'/h_2}} + 0.5\tan^{-1}f(h)\right]\bigg/\sqrt{R'/h_2}$$

其中 r 是压缩率，$\Delta h = h_1 - h_2$，$f(h) = \sqrt{r/(1-r)}$。

3.5.2　模拟轧钢

模拟轧钢是 L1 级计算机启动，读取现场所有检测装置，但由 L2 级计算机仿真模拟给出各架轧机承受轧制力和张力的一种检验操作。模拟轧钢范围包括从加热炉出口到卷取机为止的整个轧线。模拟轧钢功能仿照板坯在轧线上运行的时序实时触发各检测器（HMD、温度计、负荷继电器等）的 ON/OFF 信号，自动化系统按此信号进行各个设备的预设及 APC 动作，对计算机、电气、机械的正常运作进行确认，从而检验机械、电气传动、基础自动化 I/O 信号及应用软件的正确性。在无负荷试车阶段，该功能用于调试，在试运转阶段，用于快速检验。

复习思考题

3-1　什么是数学模型？

3-2　轧制物理模型与控制算法模型有何不同？

3-3　什么是自学习适应，为什么轧制力预报不准确，要采用自学习方法？

3-4　指数平滑法如何体现渐消记忆？

3-5　什么是模拟轧钢，有何作用？

4 轧制过程计算机控制系统

本章要点 本章介绍了轧制过程计算机控制系统的发展历史和基本结构、工业控制计算机的特点和种类、轧制过程多级计算机控制系统的基本构成和特点。

在冶金工业中，轧制过程是复杂的多参数耦合影响过程，计算机运算处理能力强，正好满足轧制生产的需要。带钢热连轧计算机控制系统是发展最迅速、最成熟和效果最明显的项目，计算机系统的应用不仅保证各工序环节的质量和数量，提高了生产效率，最重要的是大大改善了轧件尺寸精度和性能指标。

计算机控制系统有不同布置方式、不同计算模型和算法选择、不同计算处理速度和通讯速度，这些都成为计算机控制水平高低的影响因素。

任何生产线上所有局部设备可靠工作才能保证生产正常进行，计算机应用到轧制生产当中，就必须保证计算机本身长期无故障运行。

4.1 轧制过程计算机控制的发展

薄板热轧时，保持温度一致有很大难度，必须提高轧制速度，解决头尾温差过大问题。为此，1924 年美国轧钢工程师首先试验热带连轧机，用人工控制转速，实现活套自由轧制获得成功。以后，人工转速控制又向自动转速控制发展，到 20 世纪 60 年代以前，带钢热连轧机自动化发展主要集中在调速系统、辊缝压下调节系统，以后向厚度自动控制扩展，使产品厚差大大减小。第一套模拟厚度控制系统在 1957 年投入使用，到 1962 年，已经有 40 多套轧机装备了模拟厚度控制系统，极大地提高了整卷出口厚度精度。

由于计算机可以快速获取多方面的过程信息，并按照事先编排的程序快速作出判断和调整方案，向多个执行机构发出动作指令。因而，人们也开始考虑计算机在轧制过程控制中的应用。

美国是实用计算机诞生地，也是尝试在工业上应用计算机最早的国家。20 世纪 60 年代初，麦克劳思钢铁（McLouth Steel）公司在 1525mm 带钢热连轧机上开始使用计算机，设定控制精轧机组的辊缝和速度，开创了轧线上应用计算机控制的先河。

20 世纪 60 年代末，英国 RTB 钢铁厂实现了生产管理和过程控制相结合的应用，从加热炉到卷取机的整个带钢热连轧生产过程用小型计算机实现了调度与控制。

计算机控制系统的应用适应了带钢热连轧机复杂系统自动化的发展，极大地促进了带钢热连轧生产的高速、高精度技术水平的提高，产生了可观的经济效益。

日本几家钢铁公司在 20 世纪 60 年代中期组成联合开发协会，引进了一套美国带钢热连轧计算机控制系统，经过合作开发研制，1968 年新日铁公司（Nippon Steel）的 1420mm 带钢热连轧机部分首先完成计算机控制改造。到 1971 年 11 月投产的新日铁公司大分厂 2235mm 带钢热连轧机已经全部采用计算机控制，成为引进、吸收、改造、开发的典型。

20 世纪 80 年代，带钢热连轧计算机控制系统发展日臻成熟，直接数字控制大量参数和过程闭环的方式暴露出许多不足，于是人把目光放在分工合作的分散式计算机群控制，使计算处理速度、可靠性、维护性、扩展性都有很大提高。过程控制的范围也从热轧生产线向管理扩展，包括了对板坯库、钢卷库、成品库的控制和管理。由此出现多层次过程控制计算机体系。

轧制过程计算机控制是按照不同生产要求配置不同层次计算机，完成压下规程分配、各种模型计算、在线过程控制、局部跟随控制等一系列生产任务。

我国钢铁工业的基础始于 20 世纪 50 年代苏联的援助，到 60 年代便停滞不前，只是 1976 年开工建设的武汉钢铁公司 1700mm 板带连轧机生产线引进了当时日本、西德等国先进的 DDC 过程计算机控制系统，才大大提升了我国带钢连轧控制水平。为能掌握引进的计算机软硬件技术，国家曾组织了冶金自动化所、各钢铁设计院自动化部、冶金重点高校专业人士进行研究，但由于各种条件的限制，这一领域还是依赖国外重复进口。

1986 年，宝钢使用 500 亿全面引进世界一流钢铁生产技术，全面提升了国内轧钢技术，轧制计算机控制也有了发展。到 1993 年 11 月，在武汉钢铁公司、重庆钢铁设计研究院、北京科技大学共同合作下，完成了武汉钢铁公司 1700mm 热连轧计算机系统的更新。随后，在 1995 年 5 月，武汉钢铁公司、北京科技大学等单位又共同完成了太原钢铁公司 1549mm 热连轧计算机系统。

2001 年鞍山钢铁公司和北京科技大学共同在鞍钢 1700mm 半连轧翻新改造项目中完成了自行设计的三级计算机控制系统，运行几年来，产品厚度、板形各项控制功能均达到了较高水平，标志着我国已经有能力依靠自己的力量设计和开发像热连轧这样过程极为复杂、要求快速响应的计算机控制系统及其支持软件和应用软件。这也使国内轧制计算机软件系统的市场价格大大下降。目前，外购硬件、自主软件初成体系。

轧制行业计算机技术不断完善提高，归纳起来，主要有下列几方面：

（1）系统结构逐步分散化。实现系统的结构从单机集中控制、多级分区集中控制到分散控制这种变化，能更好地满足热连轧生产技术发展的需要。

（2）控制功能不断完善。从代替人工操作的设定闭环控制发展到产品质量控制、故障诊断，并实现了控制轧制。

（3）控制范围不断扩大。20 世纪 60 年代初期，以控制精轧机为主，主要是进行压下位置和轧机速度的预设定。60 年代中后期，控制范围扩大到加热炉、粗轧机、精轧机和卷取机。80 年代，过程控制与管理控制相结合，范围又扩大到板坯库、钢卷库、成品库以及热平整线和热剪切线，从而覆盖了整个热轧厂。

（4）控制速度不断提高。随着控制功能不断完善，对产品质量的控制精度也不断提高。表 4-1 给出了 20 世纪 80 年代与目前的品质指标比较。

表4-1　宽带品质指标

项　目	20 世纪 80 年代		目前水平	
	偏差量	全长百分比/%	偏差量	全长百分比/%
厚度（小于3.5mm）	±50μm	95	±40μm	99
宽　度	+2~15mm	95	±2~6mm	95
终轧温度	±30℃	95	±20℃	98
卷取温度	±30℃	95	±20℃	98
凸　度	—	—	±20μm	95
平直度	—	—	25I	95

4.2　控制用计算机系统基本结构

与普通个人电脑不同的是，控制用计算机增加光电隔离的模拟和数字输入、输出接口，图4-1 为这种计算机的原理图。

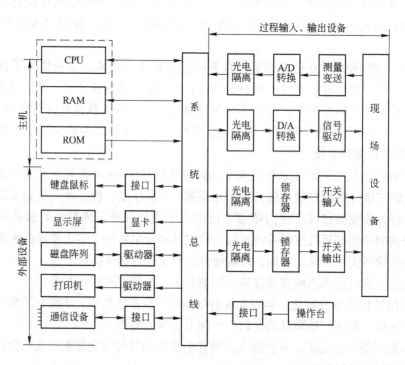

图4-1　DDC（PLC）控制用计算机系统结构图

这种 DDC 系统可以是中、小型专用机，也可以是普通 PC 机。但在一些专用机里，工作程序固化在 ROM 里直接执行，不必采用通用计算机将操作系统程序调入内存中执行，随机内存 RAM 仅仅存储临时交换的数据，完全避免病毒的侵扰。

在实际轧制生产中发现，多架轧机有众多参数需要检测，大大占用接口时间，接口干扰多，维护时间长，一旦出现故障，全线停产，造成较大损失。

4.3　工业控制计算机的特点和种类

4.3.1　工业控制计算机的特点

与通用的商业计算机比较，工业控制计算机具有以下特点：

（1）可靠性高。工业控制计算机是经过特殊设计和制造的，能保证在有振动、冲击、灰尘、高温、电磁干扰、化学腐蚀等复杂的工业现场环境条件下连续上千小时正常工作。

（2）有开放式的底板总线结构，采用数据采集及输出等接口模块，可以按照需要任意扩大规模。

（3）采用组态软件，编程只考虑系统功能，接口考虑编号即可，实现多任务实时操作系统。

（4）采用专用键盘和面板。一般采用薄膜式键，盘上各个键只与某一操作功能对应。

4.3.2　工业控制计算机的种类

4.3.2.1　总线式工业控制机（IPC）

总线式工业控制机是计算机内数据线按照某种标准设计传输通道，包括主机板在内的各种 I/O 接口功能模块而组成的计算机，例如 PC 总线工业控制计算机、STD 总线工业控制计算机等。总线式工业控制机与通用的商业化计算机比较，取消了计算机系统母板，采用开放式总线结构，各种 I/O 功能模板可直接插在总线槽上，作为工业控制机，可按控制系统的要求配置相应的模板，便于实现最小系统。

4.3.2.2　可编程控制器

早期的继电器逻辑控制系统完成复杂系统控制需要组合庞大的继电器群，逻辑控制可靠性差，改动复杂。可编程控制器（Programmable Logic Controller，简称 PLC）初始是以微处理器为核心的多参数逻辑控制器，它以循环扫描方式采集来自工业现场的多路信号，按继电器逻辑方式和一定控制算法，通过输出端口向执行机构输出，控制生产操作。

PLC 控制功能极为丰富，有逻辑运算功能，定时控制，计数控制，步进控制，A/D、D/A 转换，数据处理，级间通讯等。每个执行设备可以独立调试，也可由上位机进行程序控制、顺序控制、比值控制、串级控制、前馈控制以及延迟补偿等各种控制计算。

PLC 还有强大的多路通讯功能，完成前后轧机通讯和上位通讯。作为大型电机调节自检监督装置，PLC 直接成为基础自动化的前端控制计算机。PLC 的主要特点是：工作可靠，改变控制逻辑容易，可与工业现场信号直接连接，易于安装及维修，操作容易。目前 PLC 的功能进一步提升，甚至囊括普通计算机所有显示运算功能，大大提高了其实用性。

PLC 与 IPC（工业控制机）都属于模块化插板计算机，但它采用外插卡机箱，各种功能模块扩展更加灵活，而且从可擦写固化存储器执行程序，抗干扰能力强，适合工业生产可靠性高的要求。其规模大小可以任意匹配，故成为工业设备广泛使用的一种底层设备直接控制用计算机。

PLC 的优势是用计算机编写的控制逻辑程序可以轻易改动。另外，PLC 可以根据控制系统大小，组成大、中、小不同规模系统，以便具有最高性价比。小型 PLC 采用 8 位单片机，I/O 点数最少 32 点，大中型 PLC 一般采用 16 位以上 CPU，多达 4096 点。因此，除操作系统被固化、采用专门梯形图语言进行编辑以外，其外设功能基本同普通个人计算机相接近，但接口模块可以选择和扩展需要的功能插卡。随着微处理器、计算机和数字通信技术的飞速发展，PLC 已经广泛地应用在所有的工业领域。前述轧钢车间生产线上的 L0 层（DDC 设备控制层）基本都使用 PLC 可编程控制器，它们通过网络与 L1 操作层计算机进行通讯，执行实时检测与驱动调节。

PLC 不仅能接受开关量，也能接受模拟量。所以在轧钢生产线上，许多局部的闭环反馈控制可以使用 PLC 作为直接控制计算机。

PLC 在基础自动化设备控制中可实现高性能控制，其商业性、稳定性、性价比都有优势。如轧钢主电机采用 PLC 控制，包括通风电机启动、温度自检、电机保护全部由一套 S7-300 完成。

西门子的 PLC S7-300/400 属于中大规模 PLC 产品，是一种模块式架构，主要由机箱架、CPU 模块、信号模块、功能模块、接口模块、通信处理器、电源模块和编程设备组成（见图 4-2）。各种模块插在机箱里，通过 CPU 模块或通信模块上的通信接口，PLC 被连接到通信网络上，可以与上位（SCC）计算机、其他 PLC 或其他设备通讯。

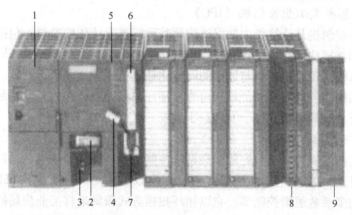

图 4-2　S7-300 PLC

1—电源模块；2—后备电池；3—DC 24V 连接器；4—模式开关；5—状态和故障指示灯；

6—存储卡；7—MPI 多点接口；8—前连接器；9—前盖

（1）CPU 模块。CPU 模块主要由微处理器（CPU 芯片）和存储器组成。在 PLC 控制系统中，CPU 模块按照时序一条一条执行固化好的程序。运行中，CPU 时刻接收采集的输入信号，判断过程的状态，按计算结果刷新系统的输出，模块中的存储器用来储存程序和数据。

（2）信号模块。PLC 设置各种连续输入（Input）模块和连续输出（Output）模块，一般简称为 I/O 模块，开关量输入、输出模块简称为 DI 模块和 DO 模块，连续模拟量输入、输出模块简称为 AI 模块和 AO 模块，在 S7-300/400 中，它们被统称为信号模块。信号模块是 CPU 模块系统用来联系外部现场设备端口的。模拟输入模块用来接收和采集连续输入信号，如接收电位器、测速发电机和各种变送器提供的连续变化的模拟量电流电压信号。开关量输入模块用来接收从按钮、选择开关、数字拨码开关、限位开关、接近开关、光电开关、压力继电器等来的开关量输入信号。

模拟量输出模块用来控制电动调节阀、电液伺服阀、变频器等执行器，开关量输出模块用来控制接触器、电磁阀、电磁铁、指示灯、数字显示装置和报警装置等输出设备。

CPU 模块内部的工作电压一般是 DC 5V，而 PLC 的输入、输出信号电压一般较高，例如，DC 24V 或 AC 220V。从外部引入的尖峰电压和干扰噪声可能损坏 CPU 模块中的元器件或使 PLC 不能正常工作。于是，在信号模块中，广泛用光耦合器、光敏晶闸管、小型继电器等器件来隔离 PLC 的内部电路和外部的输入、输出电路，使之兼有电平转换与隔离的作用。

（3）特殊功能模块。为了增强 PLC 的功能，扩大其应用领域，PLC 都有各种各样的功能模块。它们主要用于完成某些特殊功能任务，减少 CPU 的负担，如通讯 MPI 模块、存储显示模块等。通信处理器用于 PLC 之间、PLC 与远程 I/O 之间、PLC 与计算机和其他智能设备之间的通信，可以将 PLC 接入 MPI、PROFIBUS-DP、AS-i 和工业以太网，或者用于点对点通信。有的 S7-300/400CPU 集成有 MPI 之外的通信接口，相当于 CPU 模块与通信处理器的组合。

（4）接口模块。CPU 模块所在的机架称为主机箱，如果一个机箱不能容纳全部模块，可以增设一个或多个扩展机箱。接口模块用来实现中央机架与扩展机架之间的通信，有的接口模块还可以为扩展机箱供电。

（5）电源模块。PLC 一般使用 AC 220V 电源或 DC 24V 电源，电源模块用于将输入电压转换为特别平滑的 DC 24V 电压和背板总线上的 DC 5V 电压，供其他模块使用。

（6）编程设备。S7-300/400 使用安装了编程软件 STEP7 的个人计算机作为编程设备，在计算机屏幕上直接生成和编辑各种文本程序或图形程序，可以实现不同编程语言之间的相互转换。程序被编译后下载到 PLC，也可以将 PLC 中的程序上传到计算机。程序可以存盘或打印，通过网络可以实现远程编程。编程软件还具有对网络和硬件组态、参数设置进行监控和故障诊断等功能。

PLC 的特点有如下几个方面：

（1）可靠性高，抗干扰能力强。PLC 用软件代替继电器控制系统中大量的中间继电器和时间继电器、计数器等器件，使控制柜的设计、安装、接线大大简化，可靠性和灵活性提高，大大减少了因触点接触不良造成的故障。S7-300/400 使用了一系列器件屏蔽等硬件和软件抗干扰措施，具有很强的抗干扰能力，可以直接用于有强烈干扰的工业生产现场，PLC 已被广大用户公认为最可靠的底层工业控制数字化设备。

（2）软件功能灵活，性能价格比高。一台小型 PLC 内有成百上千个可供用户使用的编程元件，既接受开关量，也接受模拟量，可以实现非常复杂的控制功能。硬件配置完成后，可通过修改用户程序，方便快速地适应工艺条件的变化。PLC 还具有多路通信接口，可与网络相接作为分散控制的前端，具有很高的性价比。

（3）硬件配套标准化，系统大小灵活，适应性强。PLC 产品已经标准化、系列化、模块化，配备有品种齐全的硬件装置供用户选用，用户能灵活方便地按照控制内容进行系统配置，组成不同功能、不同规模的系统。

（4）编程方法简单易学。采用梯形图编程语言，其电路符号和表达方式与继电器电路原理图相似，梯形图语言形象直观，易学易懂。S7 系列 PLC 的梯形图程序可以在计算机 SMS 的 Step7 平台下编辑。

（5）系统的设计、安装、调试工作量少。对于复杂的控制系统，使用 PLC 减少了大量的中间继电器和时间继电器，开关柜的体积小，连线少。在计算机里即可对信号及控制进行检验与调试，调试也就容易得多。

（6）维修工作量小，维修方便。PLC 的故障率很低。多处安装检测发光二极管，根据 PLC 上的发光二极管或编程软件提供的信息可以很方便地了解计算机工作状态，并且设有多种故障诊断功能，在 PLC 或外部的输入装置和执行机构发生故障时加以指示。在查明故障后，能把模块挂起，更换新的模块，迅速排除故障。

（7）体积小，能耗低。

4.3.2.3　直接数字控制系统

直接数字控制系统（Direct Digit Control，DDC）一般是工业计算机通过测量端口对一个或多个物理量进行巡回检测，经过程输入通道输入计算机，并根据规定的控制规律和给定值进行运算，然后发出控制信号直接去控制执行机构，它适合有限项目的系统程序控制。

在 DDC 系统中，计算机无须改变硬件，只通过改变程序就能有效地实现较复杂的控制规律，如前馈控制、非线性控制、自适应控制、最优控制等。DDC 系统是早期计算机用于工业生产过程控制的一种系统。

4.3.2.4　分布式计算机控制系统

分布式计算机控制系统也称为集散型计算机控制系统，简称集散型控制系统（Distributed Control System，DCS）。它是利用上位中心计算机指挥其他执行具体控制任务的多个计算机，对数目较多的生产过程进行监视、操作、管理和分散控制。

在轧钢生产线上，大量的信息采集和多个过程控制仅靠一台计算机无法顺利完成，因为计算机任务越多，执行速度就越慢，而且接口越复杂，可靠性就越差。一旦计算机发生故障，整个企业的生产活动势必全面停止，而且故障巡查也很困难。如果设置同样的一台大型后备计算机，由于其投资很大，经济上不合理。采用多台小型的计算机分别执行各种功能，形成多级计算机控制系统，分散控制功能可以大大提高局部计算速度，不同计算机分担各自过程自动控制与模型计算，生产调度管理也交给独立的计算机来完成。并且用一台后备计算机就可以作为几台计算机的后备。这种方式应用到生产中后，计算处理速度大大提高，很适合轧钢过程快速控制的要求，因此多级分布计算机系统很快得到推广使用。

4.4　轧制过程多级计算机控制系统结构

多级计算机控制系统在各种使用场合下的名称，其说法不完全统一。一般认为，有数字传动级和过程控制级就可称为过程计算机控制系统。现代大型轧钢车间则采用 3 级以上的多级计算机方式。图 4-3 是大型热带车间轧制过程多级计算机控制系统结构图，各个控制级有不同的任务。

图中 L0 级也称数字传动级，它包括各种 DDC/PLC 控制的执行设备，这些执行设备本身成为各自独立又有通讯的闭环自动控制系统，可以对调节器进行比例、积分、微分等各

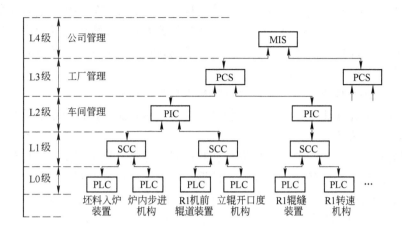

图 4-3 板带车间多级计算机控制系统结构图

种算法设置，如轧机拖动电机、加热炉前后步进托架、升降速辊道等。

L1 级是 SCC 操作过程控制级，主要是在程序控制下，进行轧制过程如 AGC/AFC 等具体控制，即所有相关设备工作的状态控制。人工操作也可进行干预。

L2 级称为模型控制级（Pattern Integraded Calculation），主要按照产品要求和原料情况制定压下规程，并按照各工艺环节的数学模型进行预报运算，包括各架辊缝、转速设定，厚度 AGC、板形 AFC 等计算比较。同时接受 L1 级控制的结果，进行轧件跟踪、滤波辨识、自学习修正模型系数，特别是控制轧制节奏。

L3 级（Procdut Control System）生产控制级，它主要进行全系统生产的计划和调度，安排 L2 级和 L1 级进行工作。这一级又可以按企业的规模和管理范围的大小分成几级，例如分成车间管理、工厂管理和公司管理级。PCS 级的计算机都是通讯能力强大的通用计算机，要求数据处理和内外存的容量大。

L3 级还完成资源调度、质量控制、材料设计、合同跟踪等相应功能，以实现整个热轧生产线的生产控制、调度与管理。

L4 级是公司管理级，主要完成合同跟踪、成本核算、生产计划编制、各生产部门协调安排、作业计划的下发（L3 级）、跟踪生产情况和质量情况等。

4.4.1 L1 操作计算机控制系统分工

L1 级（SCC）计算机直接与设备及轧件位置检测装置打交道，完成现场信号采集、识别，逻辑判断，向设备输出调节量信号。

L1 操作控制级计算机一方面从上级接受 L2 级传来的设定计算数据，一方面采集所有现场有关轧制状态信息和设备工作信息，如润滑油压、轧件温度、轧制压力等。由于轧制过程中的各种过程变量是模拟变量，所以首先要将过程参数模拟量转换成数字量（称为模数转换），在操作控制级还需要响应现场检测的各种中断，完成轧件跟踪、立辊位置控制、转速控制、压下控制、活套控制、水冷控制，甚至用点对点数据线指挥各个 PLC 装置的工作，完成控制任务。

其主要功能程序分述如下：

（1）信号检测程序，一种为信号变化检测程序，它负责将轧制生产过程中的信号用冷金属检测器或热金属检测器检得并向计算机发出中断请求，计算机接受此中断请求后作出相应的响应；另一种是一秒寻找程序，每隔1s计算机去寻找一次，对全部信号检测器检查一遍，当发现有信号时，就读入进行处理。

（2）跟踪及跟踪修正程序，它负责对物料执行跟踪功能。

（3）扫描、数据编辑、数据记录等程序，它负责对轧制生产过程中所需的各种参数进行扫描、编辑和记录等。

（4）屏幕显示程序，它负责将数据和轧制过程在屏幕上显示出来，供操作指导用。

（5）厚度控制、板形控制、转速设定计算，向具体设备输出有关参数。

（6）数据传送程序，它负责下面 PLC 与 SCC 计算机之间的数据传输。

（7）操作台的操作程序，它负责操作台按钮与计算机之间的联系。

（8）顺序控制程序。

（9）自动位置控制程序。

其中顺序控制主要是对辊道和抽出机等进行控制，而自动位置控制主要对各轧机的轧辊位置、速度和导板等的位置进行控制（见图4-4）。

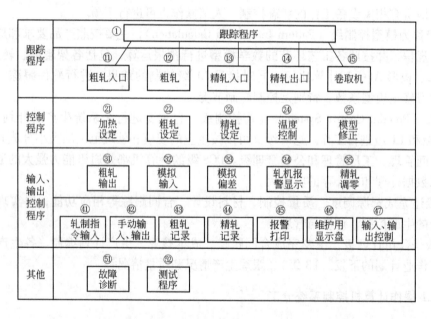

图4-4　热轧带钢轧机计算机控制的功能程序结构图

为了进行各种控制，首先必须由板坯跟踪程序①查明哪一块板坯在哪里，并以粗轧入口、粗轧机架、精轧入口、精轧出口和卷取机等处为关卡，来跟踪板坯的位置。当板坯到达这些关卡处，相应的粗轧入口跟踪程序⑪、精轧入口跟踪程序⑬、精轧出口跟踪程序⑭、卷取机跟踪程序⑮就分别开始动作。粗轧入口跟踪程序将轧制指令转到规定的地方，供后面轧机区域的有关各种程序应用。然后粗轧设定程序㉒开始动作，如果前面没有板坯的话，就由粗轧输出程序㉛将压下量、侧导板的位置和轧边机的立辊开口度等参数送给各机架的控制装置。由粗轧跟踪程序从测量仪表读入轧制压力和轧制功率所规定的数，并在最后一架粗轧机处测量粗轧出口温度、板坯的宽度和厚度。如果各项条件经检查都通过了，就使精轧设定程序㉓和温度控制程序㉔动作。

由精轧入口跟踪程序⑬进行精轧入口温度的测量，并检查它是否已处于能用计算机控制精轧机的状态，如果精轧机已处于能用计算机进行控制的状态，接着由精轧设定程序㉓计算为确保精轧出口温度和精轧出口厚度所需的各机架压下螺丝的设定值和轧辊速度的设定值，并通过轧机报警显示和设定值输出程序的等将这些设定值送出，对精轧机进行设定。然后带钢进入精轧机，由精轧出口跟踪程序⑭测量与精轧有关的各种数据，如轧制压力、压下螺丝的位置、电压、电流、精轧出口温度和出口厚度等。为了检查这些实测值是否与预设定值一致，所以在上述参数测量完毕之后，必须启动控制模型修正程序㉕，对精轧机设定模型和精轧出口温度设定模型进行修正。卷取机跟踪程序对卷取温度等进行测量。当带钢的尾端离开精轧机组后，便将记录程序㊹投入工作。当有反常事态和需要告诉操作者信息时由报警蜂鸣器和打字机程序㊺发出通知。当机器发生故障时，可由故障诊断程序(51)进行处理。表 4-2 是其他类型轧制过程的计算机控制系统的功能。

表 4-2 其他类型轧制过程计算机控制系统的功能

轧制过程名称	厚板生产过程	高线生产过程	钢管生产过程	型钢生产过程
计算机控制系统的功能	（1）板坯和钢板跟踪 （2）步进炉活动梁控制 （3）步进炉温度控制 （4）推床位置控制 （5）轧机辊缝转速控制 （6）厚度自动控制 （7）最佳道次规程控制 （8）凸度控制 （9）矫直温度的控制 （10）矫直机控制 （11）数据记录	（1）方坯和轧件跟踪 （2）步进炉活动梁控制 （3）步进炉温度控制 （4）轧机辊缝转速控制 （5）飞剪自动控制 （6）活套高度控制 （7）轧件温度控制 （8）吐丝机控制 （9）集卷机控制 （10）数据记录	（1）环形炉自动燃烧控制 （2）穿孔机和连轧机轧制程序管理 （3）管壁厚度控制 （4）显示和监控 （5）减径机轧制程序管理 （6）减径机各设定值的设定	（1）连续加热炉的控制 （2）轧机辊缝转速控制 （3）冷却制度控制 （4）锯切机定尺的控制 （5）显示和监控

4.4.2 L2 级计算机轧制过程数学模型

L2 级计算机完成初始数据管理、物料跟踪、轧制过程的数学模型计算设定、生产报表和 HMI 工作画面的任务。L2 级计算机初始数据管理就是自坯料送上加热炉前辊道开始，建立参数表页，对其所有变化进行记录。L2 级模型计算包括步进加热炉坯料加热与出炉计算、除鳞计算、压下规程分配计算、轧制力计算、板形控制计算、层流冷却计算和卷取计算。常用热轧板带生产过程数学模型包括：

（1）压下规程。计算总道次、各道辊缝、转速等操作参数。以 3/4 热连轧压下规程设计为例计算如下：

1）250mm 厚坯轧制 2mm，总延伸 $\mu_\Sigma = 125$，取平均延伸系数 $\bar{\mu} = 1.38$，轧制道次 $n = \dfrac{\lg\mu_\Sigma}{\lg\bar{\mu}} = 15$。确定精轧 7 道次，粗轧二辊 1 道，可逆四辊 5 道，粗轧连轧 2 道。

2）按粗轧平均延伸 1.5、精轧平均道次 1.3 分配各道延伸系数，计算各道出口厚度。

3）按产量需要、卷重、温降允许、设备允许确定末架出口速度。

4）按各架出入口速度相等或差 2% ~ 4% 分配各架出口速度。

5）计算各架前滑 f_h，确定轧辊线速度 $v = v_0(1 + f_h)$、轧辊转速 $n = 60v_0/\pi D$。

6）计算轧制接触时间、辊道空冷时间，确定开轧温度，计算各道温降。

7）计算高温抗力 $k = 1.15\sigma_s$、各道轧制力 $P = KBl'Q_p n_\sigma$。

8）由弹跳方程计算各架辊缝 $S_i = h_{0i} - P_i/K_m$。

9）以成品架凸度为基准，按比例凸度计算精轧各道凸度、中间坯凸度、粗轧凸度。

10）设定精轧后三架原始辊形、弯辊凸度、轧制力挠曲凸度，精轧前四架轧制力弯辊凸度、CVC 抽辊量、弯辊力、原始辊形，粗轧各架原始辊形，轧制力弯辊凸度等。

（2）能耗模型。按能耗系数分配压下。

（3）温度模型。按轧件断面和所有轧制过程时间计算温度降。

（4）轧制压力。考虑变形阻力、摩擦系数、轧辊压扁、即时温度。

（5）轧制力矩。按轧制条件选择力臂系数确定方法。

（6）轧制功率。以转速、总力矩计算电机轴端功率，验算发热与过载。

（7）轧机刚度。以现场数据回归常用轧机刚度。

（8）前滑和后滑。以即时变形条件计算前滑系数，提高轧件速度计算精度。

（9）速度模型。从出口速度开始，按轧件速度差 3% 或流量相等计算各道次轧件速度，再用前滑值确定轧辊转速。

（10）弹跳模型。采用预压靠力重新计算辊缝零点，用于设定辊缝。

（11）张力模型。由轧件速度差、滑动修正系数、电机刚度确定张力。

（12）宽展计算。与压下量、接触面矩形比、摩擦系数、张力等有关。

（13）厚度模型。综合厚度影响因素，检验压下辊缝。

（14）辊系变形模型。多辊系轧辊挠曲凸度计算。

（15）板形控制计算。考虑辊缝形状、弯辊、窜辊、凸度（热凸度和磨损凸度）。

每个热轧生产线轧制的钢种不同，生产工艺参数不同，设备状况不同，因此即使使用结构完全相同的数学模型，也要根据实际情况确定数学模型的有关系数。如为保证轧制力精度，就必须采用自适应算法，用前几块坯数据修正轧制力数学模型的结构和系数，确保轧制力精度在 4% 以内。

4.4.3 L3 级生产控制级作业内容

某热轧厂车间 L3 级生产控制系统的各主要功能简要描述如下：

（1）合同管理。合同管理主要是用来将车间热轧销售合同和供料合同转换成可供生产用的生产合同，并对合同安排进行初步优化，确定每份合同初步生产安排及供料方式。一旦下传执行，就不能更改。

（2）合同跟踪管理。合同跟踪管理主要对每份合同的配料状态、生产状态、交货状态等进行全过程的跟踪，以防止少配料或多配料，减少中间附带产品的产生，为保证合同交货期提供信息支持，同时增加生产管理中合同管理的透明度。

（3）材料设计。材料设计功能主要是根据用户订货合同要求、产品装载方式要求、铸轧设备的生产能力计算选用合理的板坯规格，以发挥设备产能、运输能力，并保证满足用户的需求。

（4）质量管理。质量管理功能主要负责从连铸至成品发货的所有过程的产品生产标准、质量判定标准、化检验记录、质保书管理系统功能，系统将根据用户的订货需求和企业生产标准进行质量设计，将销售合同转换为可供生产控制使用的生产合同。

（5）生产计划管理。生产计划管理功能主要是根据周生产计划安排、轧制技术规程、连铸技术规程、产线检修情况、库存情况、合同完成情况等安排轧线轧制计划、连铸浇次计划及向（1）炼钢进行材料申请。

（6）动态调度及计划调整。动态调度及计划调整功能是根据实际计划执行情况、设备情况、铸轧物流匹配情况对计划执行过程进行干预与调整，以保证铸轧间物流匹配与平衡，实现高水平直接热装。

（7）板坯库管理。板坯库是连铸连轧产线与（1）炼钢连铸之间重要的缓冲环节。板坯库管理主要是对来自（1）炼钢的冷装板坯、（2）炼钢有质量异议的板坯、回炉坯进行管理。

（8）钢卷库管理。钢卷库存放轧线产出的钢卷，当质量判定合格后交销售部门向用户发货。

（9）产品外发管理。产品只有经过成品发货才能到达客户手中，完成企业的生产目标，实现企业的利润。根据客户的要求运输方式有汽车和火车两种方式。根据企业的管理业务流程，客户在销售公司收到货款，开具提货单时，热轧厂才能进行发货处理。合同全部发货完成后应在生产控制级系统进行合同结案处理，以防止生产部门为该合同多配料生产，产出非计划品。

（10）通信管理。连铸连轧生产过程中，铸轧之间物流高效传递，任何故障和异常都将对铸轧间的匹配造成影响，板坯的规格信息、化学成分信息、质量信息需及时传递给轧线 L2 系统才能完成轧线的设定计算，进行轧钢操作。动态调度与计划调整系统的任何计划调整应及时传递给连铸 L2、轧线 L2、轧线 L1 系统才能将信息传递给执行机构，实现相应的操作，达到计划调度的目的。生产控制级系统（L3）将根据连铸产出板坯实绩、化学成分实绩对计划进行动态调度，以保证轧线的生产，实现板坯高温直接热装进炉。可靠、稳定的通信系统是生产线正常生产和动态调度的保证。

（11）磨辊车间管理。磨辊车间是连铸连轧生产重要的设备车间，其管理的好坏将直接影响轧辊的寿命、产品的质量、产品的生产成本。磨辊车间管理是轧线生产级控制系统的设备管理功能的重要组成。

4.5 轧制过程控制计算机运行可靠性

过程控制计算机既要控制具体生产过程，也要掌握轧制生产过程的总体状况，如果状态发生变化或出现要处理的事项，必须在不同层次计算机里及时进行适当的操作。

随着生产过程变动而进行控制的方式称为"在线实时控制"，所谓"在线实时"就是说计算机和过程设备在信息上是直接连接的，过程信息和控制指令都是在生产中进行传递执行，操作控制跟随生产过程，控制指令速度远比过程变化速度快。控制用的计算机则是一种具有更能有效进行在线实时控制机能的计算机。

（1）高度可靠性。可靠性就是指计算机能够无故障运行的能力。工业控制计算机开始运行后，除特殊情况外一般都是一年四季昼夜运转的，控制算法处理、输出执行都不允许有差错，所以对计算机要求具有很高的可靠性。

衡量可靠性的标准是故障率要小，故障率表示单位时间（次数、间隔等）里发生了多少次故障，其单位是 1h，例如集成电路（TTL）的故障率为 $10 \times 10^{-9}/h$，就是说一亿个 TTL 在 1h 内只有一个发生故障。一般来说，设备可靠性是与构成设备的部件数成反比，也就是说部件数越多越容易产生故障。数字控制器的功能要求可靠性最高，基础自动化级的 PLC/DDC 功能对可靠性要求最高，各级需要按不同要求选择可靠性。

（2）使用备用机。为了提高可靠性，可以把系统中可靠性起关键作用的部件"二重化"，也就是说使用两个部件，即使坏了一个，系统仍可运行，只有两个部件都坏了，才会造成系统的故障，这个概念也可以扩展到某些重要部分进行"二重化"，例如对不允许控制间断的 DDC 系统，可以用如图 4-5 所示的 CPU 二重化系统。这种技术是"镜像盘"技术的一种。

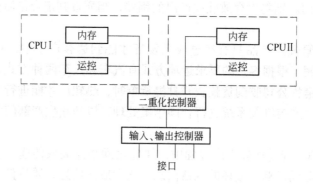

图 4-5　CPU 二重化系统

无故障时，两个同样的 CPU 并行运行，执行相同的指令，只有两个 CPU 的执行结果相同时，才同时执行下一条指令，如果二重化控制器发现两个 CPU 执行某条指令结果不同，它就要进行下列 3 个动作：1）判断动作。判断哪个对，还是两个都错。2）切换动作。把出错的 CPU 系统切离报警，以便修理。3）复写动作。出错的 CPU 修复后，要把现时控制内容复写到内存单元和寄存器，以便重新投入二重化运行。此种二重化系统有两个存储运算控制系统，因而可以达到很高的可靠性。

为了提高计算机控制系统的利用率，除了提高单机的平均故障间隔时间和减少机器失效时间外，还可以采用双机切换的办法，如图 4-6 所示有两种方案。

图 4-6a 适用于 SCC 级计算机，数据都在共享外存磁鼓中，正常时，输入、输出切换器将输入、输出接入 A 计算机，A 计算机执行主要的任务，B 计算机闲着，或者执行不太迫切的后台工作。A 计算机故障时，就将输入、输出切换到 B 计算机，同时向 B 计算机申请中断，B 计算机就停止原来的后台工作，接着进行 A 计算机故障前的主要计算程序。图 4-6b 适合于 DDC 系统，数据经切换开关进入运行的一台计算机，另一台作为后备，输出接口并联使用。提高 SCC 系统可利用率的另一个常用方案是把 SCC 计算机作为 DDC 计算机的后备，在 DDC 计算机故障时就将 DDC 的输入、输出设备切换到 SCC 计算

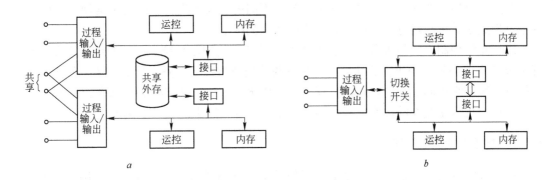

图4-6 双机切换系统

机，SCC计算机就停止一部分或全部原来的工作，把DDC计算机的任务接过来，保证系统连续运行。

（3）数据共享。为适应轧制数据多，交换频繁，存储时间长的要求，采用SAN（Storage Area Network）结构，由EV3000磁盘阵列对操作过程机系统进行统一的配置和管理，操作台过程主机与一台数据中心系统主机实现异种平台共享同一个磁盘阵列。而且，磁盘控制器采用双控制器，任一控制器故障不影响主机对磁盘阵列的正常访问。

（4）在线可维护性。平均机器失效时间的缩短在于有效地进行维护。所谓可维护性就是指进行维护工作时方便到何种程度。提高可维护性的措施有：机器的硬件结构应该是插件式的，CPU与内存放在一块插件上，外存要独立驱动，它们都与现场检测接口分开。计算机的程序系统中应该有诊断程序，以便于发现外部故障和判断故障的部位，给予及时处理等。

软件还应有运行时间的监视，一旦程序处理超过时限或处理的数据超出正常，都应予以提示。要防止数据沉淀，占用内存，或虚拟内存空间告罄，降低运行速度，这与普通PC机开设大量备用文件不同。

在硬件方面，大型数据采集和传递系统与常见插在PC机插槽的简易A/D板卡、D/A板卡、以太网卡不同。普遍采用的是带CPU主板的采集箱或采集柜，全部是总线插盒方式，按需要插入工作模块盒（卡），可有最小配置和扩展配置，便于更换。每个模块盒带有故障指示、工作指示、缓冲接口，甚至允许带电插拔。光纤通讯和以太网通讯也有专门的处理模块，既便于维修，也便于升级。但不同的公司都有自己的协议和总线规则，一般不能互换。

4.6 轧制过程控制计算机通讯

在分布计算机控制DCS系统中，上下级计算机、同级计算机之间都有数据、紧急控制命令需要传递，传递方式主要是以太网及光纤。重要信息如故障信息有时需要10ms以内的响应速度，这时常常采取一对一的配线。一般网络系统采用星形拓扑结构，提供1000Mb/s的光线连接和100Mb/s的UTP链路系统。

现场总线是用于现场电器、现场仪表、现场设备与控制室主控制系统之间的一种开放的、全数字化的、双向的、多站的通讯系统。不同的现场总线有不同的标准规范，而这些规范就规定了采用现场总线的设备之间交换数据的标准。

现场总线控制系统是集散控制系统 DCS 后的新一代控制系统。新型的现场总线控制系统突破了 DCS 系统中通讯由各个公司专用网络系统所造成的缺陷，形成了基于公开标准化的解决方案。它用同一种协议规范把现场智能传感器与控制计算机联系起来，从而实现综合自动化。现场总线控制技术已经成为目前工业控制领域中的又一个热点。

4.6.1 基于以太网的通讯

基于以太网的通讯是一种应用最广泛的网络。常用通讯有 10Mb/s 以及 100Mb/s 以太网。工业上使用的以太网称为工业以太网，它符合国际标准 IEEE802.3，使用屏蔽同轴电缆、屏蔽双绞线和光线。由于工业现场环境比较恶劣，电磁干扰很强，因此对通讯电缆的屏蔽性能要求很高。必须采用专业屏蔽电缆，其通讯方式有总线型、星形和环形。采用电气网络时，两个终端间最大距离为 4.0km。使用光线可达几十公里，速度达 1000Mb/s。

在轧制过程多级分布计算机系统中，以太网可以用于区域控制器之间或人与计算机界面之间的通讯。

工业以太网是应用于工业自动化领域的以太网技术。开发以太网的初衷是为了实现办公自动化，它并没有专门为工业自动化应用而作特殊设计，因此以太网本身固有的 CS-MA/CD 介质访问机制所造成的通讯不确定性就难以满足 GONGYE 工业自动化控制系统实时性的要求。为此，在 20 世纪 90 年代中期前，在工业自动控制系统中很难找到以太网的应用。

近几年来，随着以太网通讯速度的大幅度提高、交换技术的迅速发展，以及采用全双工通讯模式和虚拟局域网技术，基本解决了以太网通讯不确定性问题，使以太网在工业自动化领域得到了推广和应用。

与其他现场总线或工业通讯网络相比，以太网还具有一些重大优点，如应用广泛、成本低廉、高速通讯、资源丰富，并且可以很容易与其他网络实现连接。从近些年来的工业以太网的实际应用来看，以太网完全能够满足工业自动化领域的通讯要求。目前，基于工业以太网的数据采集系统、传感器、执行器，甚至交直流数字传动装置等产品已经商品化。这样，以太网不仅已成为企业信息管理层和监控层的首选，而且也在逐渐延伸至过程控制级和设备控制级。于是，有许多专家称，在不久的未来，工业控制领域将实现 E 网到底，即原由多种网络集成起来的多级计算机控制系统只要用以太网就可以实现。但实际上，要实现 E 网还有许多方面的工作要做，它的实时性、安全性、可靠性等方面还存在着内在不足，还需要在技术上加以改进。

4.6.2 以太网在热轧生产线中的应用实例

凌源钢铁公司 880mm 中宽带热连轧厂从 2003 年 7 月起对 6 架精轧机电气主传动进行了数字化改造，建立了完整的传动级网络系统，改造后的系统数据交换均通过 100Mb 光纤快速以太网（100FX）实现，使得传动系统与基础自动化级的通讯更为快捷。

4.6.2.1 硬件配置

传动级网络系统包括 1 个以太网交换机（Eernet Switch）、1 个 PC 监控站（Monitor）、

12 套 ADD-32 传动控制器，共 13 个站。各个站之间均通过快速以太网（100FX）连接，并通过交换机与基础自动化级 GF9070 PLC 进行数据交换。

每套精轧机使用 2 套 ADD-32 控制器分别完成主速度控制和励磁控制，每个控制器均安装一块以太网连接模板 ESBX 与交换机相连接，ESBX 连接端口为 MT-RJ 或 RJ45 方式。

以太网交换机采用的是 HP 机箱式交换机，有 10 个扩展插槽，具有很强的扩展性。本套系统使用了 4 个扩展模板（Fiber1～Fiber4），每个扩展模板有 4 个 SC 连接器端口。同时基础自动化级 GE90-70PLC 内安装一个以太网模板与传动级以太网交换机相连接。在传动级监控站插有一块 SC 接口的以太网 PC 适配器，在线实时监控各个站的工作状态，并可根据需要对数据进行编辑处理。

系统中所使用的机箱式以太网交换机是整个网络系统的核心，它为每个站提供了无阻塞全双工的交换能力，大大降低了发生数据冲突的可能性，同时它还能够诊断自身及网络的故障，帮助维护人员迅速确定发生故障的位置。

4.6.2.2 软件配置

在每台 ADD-32 控制器内部的 ESBX 模板内不仅包括与 GE、Modicon 和 Rockwell PLC 之间的以太网通讯协议，而且包含 AVTRON 产品系列的专用通讯协议，这些协议允许在 ADD-32 控制器、PLC 上位控制器和传动级监控站之间高速地完成自动扫描和数据交换、运行参数的实时显示和历史事件及故障的记录等功能。而且它还能够同时在同一网络电缆中应用 4 种不同的以太网协议进行通讯，为网络系统的设计提供了极大的灵活性。

系统还使用了以太网全局数据（EGD）的概念。以太网全局数据（EGD）协议是美国 GE 公司于 1998 年推出的基于传统以太网技术的高性能的数据交换协议。它克服了传统以太网的性能障碍，对带宽的利用率是其他方式的 10 倍，极大地提高了网络系统的效率，且配置起来非常简单。EGD 通过数据报文方式在一个发送者和一个或多个接收者之间实现最多 1400 字节数据的高速传送，且其系统开销比普通的 TCP 连接要小得多。由于通讯数据无须等待应答信号，因此数据发送的时间间隔可以很短，且数据丢失的可能性也很小。每个站既是发送者同时也是接收者，即同时担当服务器和客户机的角色。

4.6.2.3 在线数据编辑

AADAPT2000 是用于对 ADD32 传动装置进行参数修改、配置、监视和数据采集的专用软件，它可以通过 RS485 串行、802.4 网或以太网实现与数字传动装置之间的通讯连接。

系统的传动级监控站使用该软件通过以太网完成对系统中 12 台 ADD32 装置的在线编辑、上装、下装等操作，实时监控 ADD32 装置的工作状况，进行故障信息的采集和数据的图形化显示。由于快速以太网通讯速度快，所以能够真正地实现对多台传动装置的数据实时在线编辑。ADD32 传动装置主控制器是典型的速度电流双闭环控制系统。在正常轧制过程时，速度给定是由基础自动化级 GE90-70PLC 发出的，同时 PLC 还需要传动系统一些重要的实时参数，如速度反馈、电枢电流反馈、电枢电压反馈及励磁电流反馈等。这些数据都可以借助快速以太网进行通讯。首先将 ADD32 控制器中需要传送的数据通过 ADD-APT2000 配发到数据交换模块，然后利用 EGDcfg 软件配置每台传动系统的 EGD 地址和数据交换 ID 号，将数据进行打包处理，PLC 再进行相应的配置后，通讯就可以自动进行了。

另外，传动系统中直流接触器是由操作台远程控制的，因此与直流接触器有关的开关量信号必须传送到操作台，同时操作台还要显示启动的状态、传动装置状态、传动故障等信息，同样采用 ADDAPT200 和 EGDcfg 软件进行数据配置。

可见采用快速以太网进行数据实时交换，不仅大大减少了硬件配线和故障点，使得传动系统控制柜内更为简洁，而且大大提高了系统的可靠性和可维护性，给现场检修人员提供了极大的方便。

在完成整机调试后，2003 年 8 月 10 日该系统带载轧制一次过钢成功。经过在线电机速度环参数微调，各项性能指标已达到了改造工程的预期目标；负荷率、产品规格和厚度精度等指标，均得到了显著的提升。经历了几年生产轧制的考验，传动级快速以太网运行良好，大大提高了轧机作业率，降低了现场人员维护量。

计算机技术属于离散处理，处理间隔时间过长会大大影响控制效果，加剧不稳定震荡，因而即便设置专用中断接口，对计算机整体，在计算速度、通讯速度上都有较高要求。

通讯速度对控制效果有很大影响，多层次分布计算机的通讯速度更为重要。图 4-7 是某带钢热连轧机的多级计算机控制系统通讯结构图。

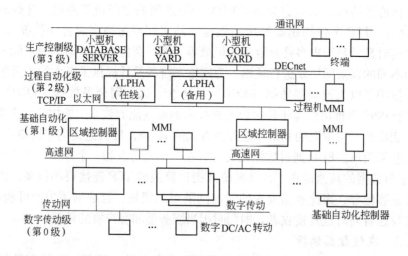

图 4-7　热连轧机的多级计算机控制系统通讯结构图

4.6.3　基于现场总线的通讯方式

传统的控制系统，不论是常规电器控制系统，还是 PID 控制系统，所采用的信号/电源连接方式都是一种并联连接方式。例如，对于 PLC 控制器和任何一个 I/O 信号之间都需要用两根导线连接。当 PLC 所控制的节点数成千上万个时，整个系统的接线量就非常庞大，极易产生错误，为此要花费很多的时间去排错，给设计、施工和维护都带来了极大的困难。

如果能用最少量的两根导线来连接所有的设备、使所有的信号，甚至包括电源都在这对导线上流通，无疑是一个最好的解决方案。那么，这对导线所起的作用就如同计算机系统中的数据总线和电源总线，只不过它是连接现场设备信号之间的总线，故此被称为现场总线。

现场总线控制系统极大地改变了传统控制系统的结构，大大简化了复杂而繁多的布线工作，使其比一般通讯系统在设计、安装、投产、维护、资金投入等方面都显示出巨大的优越性，而且也提高了系统的准确性、可靠性，实现了控制系统的高度集成。

现场总线技术实际上是采用串行数据传输和连接方式代替传统的并联信号传输和连接的方法，由于它采用数字信号通讯，因而可实现一对总线上传输多个节点的多种信号，同时还可以利用总线为多个设备提供工作电源。正因为如此，现场总线系统可以把原先 PLC 或到 DCS 系统放于控制室内控制器的控制模块、I/O 模块等分散到各个现场中，它们之间的信号联系通过现场总线进行，实现了控制功能的彻底分散，这也是现场总线控制系统的主要结构特点。此外，它还具有以下一些显著的技术特点：

（1）系统的开放性。为了能使不同厂家的现场设备通过现场总线进行通讯，要求现场总线必须具备开放性。为了使不同厂家开发出自己生产的现场设备具备与现场总线通讯的能力，就要生产厂家遵循共同的标准进行开发。只有具备了开放性，才能使得现场总线既具备传统总线低成本的优点，又能适合先进控制系统大网络化结构的要求。

（2）布线的简单性。这是所有现场总线共有的最显著的特点。由于采用串行通讯方式，大多数现场总线采用双绞线。用一对双绞线或一条电缆可以挂接多个设备，因而电缆、端子、桥架、槽盒、管线的用量大大减少，工厂设计、施工安装、维护校线的工作量也大大减轻。而且，当需要增加现场控制设备时，也无需增设新的电线，可就近连接在现场总线上。据有关资料统计，仅此一项就可节约安装费用60%以上。

（3）控制的实时性。对用于控制系统的现场总线最苛刻的技术要求就是传递信号的快速响应，即它的实时性。这正是现场总线通讯与一般工业通讯网络最大的区别所在。为了满足轧制系统快速反应的要求，大多现场总线都采用了较高的通讯速率。

（4）工作的可靠性。由于现场总线的使用场合主要是存在很强干扰源的工业现场，因此所有的现场总线在设计时都考虑了抗干扰的措施，并且现场总线都具备一定的自诊断和容错能力，以最大限度地保护现场总线通讯。一旦出现故障，也能较快地查找和更换故障节点，所以现场总线具有很好的可靠性。

（5）功能的自治性。现场总线技术使现场设备具备了多种功能，如传感器测量、补偿计算、量化处理、算法计算、网络通讯等，实现了现场设备的智能化和自治性。只要依靠这些现场智能设备，就能完成原来位于控制柜的控制器所承担的任务。

（6）设备的互用性与互操作性。可对不同的生产厂家的性能类似的设备实现相互替换，可实现互联设备间、系统间的数据共享。

现场总线的种类很多，至少有40多种，如 FF-HSE、Control Net、Profibus 等。由于现场总线所具有的杰出的优点，因此在国内外的工业控制领域获得广泛的应用，特别是冶金、电力等工业领域更是如此，而且应用前景十分看好。

要实现现场总线系统的开放性、互换性、互操作性，就必须要建立一整套标准规范，即通讯协议。从而使得在开放系统的环境下，可以用不同厂家的产品作为组件来构成分布式控制系统。开放系统互联参考模型 OSI（Open System Interconnection）是计算机及其网络系统发展过程中为解决系统的开放性而提出的，因而它就成为了现场总线系统最基本的互联参考模型，具有 7 层结构的 OSI 模型可支持的通讯功能是十分强大的，但把它直接搬来作为现场总线通讯模型就不太合适。工业现场存在大量的传感器、控制器、执行器等控制系统部件，它们常常零散地分布在一个较大的范围内。由它们组成的工业控制底层网络的单个节点面向控制的信息量不大，信息传输的任务相对比较简单，但实时性、快速性的要求很高。如果按照 OSI 7 层结构的参考模型，由于层间操作与转换的复杂性，因此网络接口的时间开销过高，就很难满足实时性要求。为此，现场总线采用的通讯模型大多是在 OSI 参考模型的基础上进行了不同程度简化的模型。

现场总线的典型协议模型是采用了 OSI 模型中的物理层、数据链层和应用层，而省去了中间的 3 层，但考虑现场总线的通讯特点，还设置了一个现场总线访问子层；与 OSI 7 层参考模型相比，它具有结构简单、实时性好等优点，因此能满足工业控制的要求。

IEC61158 工业现场总线标准是基于 1984 年 IEC 公司提出的现场总线国际标准草案，并经过多次开会讨论，直至 2002 年才最终定版的。IEC 提出此国际标准草案后，1993 年通过了物理层的标准 IEC61158-2，而数据链层的标准则几经反复、讨论、协商、妥协、修改，形成了 IEC61158 标准，它共包含了 8 种现场总线协议，分别为 8 种通讯类型，即：

类型 1　原 IEC61158 技术报告（即 FF-HI）

类型 2　Control Net（美国 Rockwell Automation 公司支持）

类型 3　Profibus（德国 Siemens 公司支持）

类型 4　P-Net（丹麦 Process Data 公司支持）

类型 5　FF HSE（原 FF-H2，美国 Fisher Rosemount 公司支持）

类型 6　Swift Net（美国波音公司支持）

类型 7　WorldFip（法国 Alston 公司支持）

类型 8　Interbus（德国 Phoenix Contant 公司支持）

Profibus（Process Field bus）协议是唯一的全集成 H1（过程）和 H2（工厂自动化）的现场总线解决方案，是一种不依赖于制造商的开放式现场总线标准。采用 Profibus 标准系统，不同制造商所生产的设备不需对其接口进行特别调整就可以通讯。Profibus 既可以用于高速并对时间苛求的数据传输，也可以用于大范围的复杂通讯场合。

Profibus 满足 ISO/OSI 网络化参考模型对开放系统的要求，构成从变送器/执行器、现场级单元级直至管理级的透明通讯系统。Profibus 有 3 种类型，即 Profibus-FMS（现场总线报文规范）、Profibus-DP（分散外围设备）和 Profibus-PA（过程自动化）。这 3 种类型均使用单一的总线访问协议，通过 ISO/OSI 的第 2 层来实现包括数据的可靠性以及传输协议和报文的处理。它们分别适用于不同的领域。

Profibus 支持主从模式、纯主站模式、多主多从模式等，主站对总线有控制权，可主动发信息。对多主站模式，在主站之间按令牌传递决定对总线的控制权，取得控制权的主站可向从站发送、获取信息，实现点对点通讯。

Profibus 现场总线是世界上应用最广泛的现场总线技术，它在结构和性能上优越于其他现场总线。Profibus 既适合于自动化系统与现场信号单元的通讯，也可用于可以直接连接带有接口的变送器、执行器、传动装置和其他现场仪表及设备，对现场信号进行采集和监控，并且用一对双绞线替代了传统的大量的传输电缆，大量节省了电缆的费用，也相应节省了施工调试以及系统投运后的维护时间和费用。

国际标准：EC61158 类型 3

欧洲标准：EN50170-2

中国标准：GB/T 10308.3—2001

国际组织：Profibus International（PI）

Control Net 最早由美国 Rockwell Automation 于 1995 年 10 月提出。它基于改型 CanBus 技术，是符合 IEC61158Type 2 标准的一种高速确定性网络，作为一种高速串行通讯系统，它以一种确定并预测的模式进行运作，适用于需要实时应用信息交换的设备之间的通讯。该总线网络是一种用于对信息传送有时间苛刻要求的、高速确定性网络，同时，它允许传送无时间苛求的报文数据。

在工业自动化系统的网络结构中，Control Net 通常用作控制层网络，主要用于 PLC 与计算机之间的通讯网络。它可连接拖动装置、串并行设备、PC、人机界面等。它还可以沟通逻辑控制和过程控制系统，传输速率为 5Mkps。

Control Net 具有以下特点：

（1）Control Net 将总线上传输的信息分为两类：一是对时间有苛求的控制信息和 I/O 数据，它拥有最高的优先权，以保证不受其他信息的干扰，并具有确定性和可重复性；二是无时间苛求的信息发送和程序上传/下载，它们被授予较低的优先权，在保证第一类信息传输的条件下进行传递。

（2）Control Net 采用一种新的通信模式，以生产者/客户（Producer/Consumer）模式取代传统的源/目的模式，使用时间片算法，以保证各节点之间实现同步，从而提高了带宽利用率。

（3）Control Net 支持主从通信、多主通信、对等通信，对输入数据和对等通信数据实行多信道广播。

4.7 热带轧制车间分散控制系统实例

图 4-8 为某双粗轧 2150 半连续热带厂计算机控制系统原理图。

模型计算级由 3 台控制计算机（型号为 PC-Sever）组成，专门完成物料跟踪、压下规程、轧制力预报、辊缝、转速设定以及自适应计算。

操作控制（SCC）级由 6 台控制计算机（型号为 PC-Sever）组成，它们分别对下面主传动电机、液压缸、活套、托入机等实现闭环控制，包括 22 台大中型 PLC，其中 18 套与控制计算机连接构成多级系统，作为最低一级的控制装置，还有 4 台不与控制计算机连接，离线运行。其中 S7-300 有 19 套，S7-400 有 3 套。

直接控制级（L0）由各种 PLC 可编程控制器与晶闸管、电机控制柜等设备组成，用于加热炉进出、粗轧、精轧轧线各设备的直接控制（DDC）。原料、坯料和成品的输送、板坯加热、辊道上料、粗轧前后推床、粗轧机设定与轧制、精轧设定与在线控制、层流冷却以及卷取等都使用不同规模的可编程控制器。

6 台 SCC 级操作计算机分别设置在 5 个电气室内。它们直接或间接控制下属 20 多台 PLC 工作。

基础传动 PLC 控制内容大致可概括为：

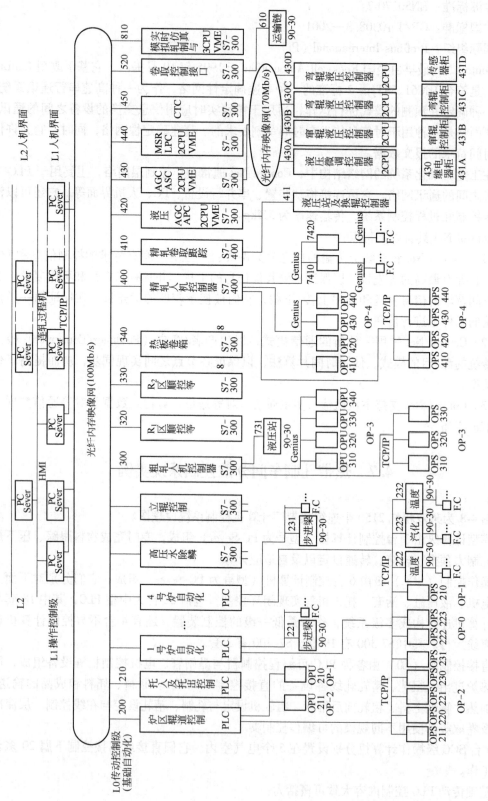

图 4-8 某热连轧厂三级计算机分布系统

（1）顺序控制。包括顺序操作控制、时间控制和条件控制（又称联锁控制）。

（2）主干控制。包括自动和手动方式下各种信息运算处理及对转动功率器件控制下达运转速度指令。

复习思考题

4-1 简述轧制过程计算机控制系统的作用和必要性。

4-2 简述轧制过程多级计算机控制系统结构和每级的作用。

4-3 轧制过程中计算机通信如何实现？

4-4 如何保证轧制生产过程的稳定可靠？

4-5 热轧过程分散控制的必要性有哪些？

5 连续铸钢生产过程自动控制

+-+

本章要点 本章介绍了连铸的生产特点，连铸生产过程中的检测与控制，连铸过程哪些环节需要自动控制和目前的发展状况。

+-+

连续铸钢能提高钢坯的收得率，节省能耗，减轻劳动强度，实现较高程度的自动化。因此，近几十年来在国内外得到了迅速发展，目前基本取代模铸。

连铸机的形式主要有立式连铸、立弯式连铸、椭圆形连铸、旋转式连铸和弧形连铸。目前常用的是弧形连铸机。以下就以这种形式的连续铸钢工艺（以下简称连铸）为例介绍如下。

连铸工艺流程见图 5-1，钢水经氩站吹氩或吹氮搅拌，并加入废钢调温，使钢水温度调整到钢种液相线以上 $30 \sim 50℃$，然后送到钢水包回转台，将钢包对准中间罐。中间罐的作用是保持一定的钢水量，从而使注入结晶器的钢水压力一定，使钢水中的夹杂物及渣子有机会上浮，还可以通过中间罐进行多流连铸及多炉连铸。在必要时改变中间罐液面高度，也可以调节钢水温度（如钢水温度高，可以保持中间罐低液面；钢水温度稍低，则可以将中间罐的液面保持稍高）。中间罐的钢水通过浸入式水口注入结晶器（浸入式水口的作用是防止钢水氧化）。

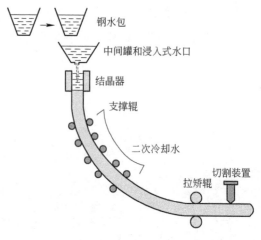

图 5-1 连续铸钢生产线

结晶器是由铜做成的，用高压软水冷却。近年来，结晶器内表面镀铬，并用再结晶温度较高的铜合金造成，从而减少结晶器磨损。结晶器是连铸的关键设备，使钢水外层在此凝成外壳，从而使铸坯与结晶器脱离，并使润滑剂能加入到钢坯与结晶器钢壁之间。浇注前，引锭装置将引锭送入结晶器；浇注开始后，由引锭装置将初步凝成外壳的铸坯拉引出结晶器。已经形成薄外壳的铸坯（内心是流体）进入二次冷却区，经喷水继续冷却，直到全部凝固。当吊车头部进入拉矫辊后，引锭装置便被吊起来，安放在固定位置，由拉矫辊直接拉动铸坯，使铸坯继续前进，再经在线切割装置切成一定长度的铸坯，再送后续加工轧制。

铸坯浇注速度由铸坯尺寸、钢种和产量决定。板坯浇注速度一般为 $0.5 \sim 1.5m/min$；小方坯的浇注速度一般为 $4 \sim 5m/min$。二次冷却水的强度一般根据经验决定，可根据铸坯热传导编制数学模型，然后用经验修正。

铸坯按生产要求，用火焰切割法（或其他机械方法）切割成一定长度，打上编号后再进行冷却、堆放。某些铸坯表面可能有缺陷，一般采用火焰清理的办法来消除。

为了改善连铸钢坯的质量，现代连铸机在二次冷却区装有电磁搅拌装置。

5.1 连铸生产过程中的检测与控制

在连铸自动化技术中，不仅自动控制与计算机管理与控制十分重要，检测技术也特别关键。由于工作性质和环境的复杂性，致使很多关键性过程参数很难得到，这给闭环控制带来了困难，所以连铸生产过程的自动控制完全取决于检测技术。

5.1.1 连续铸钢检测技术

（1）钢包钢水温度检测：由于钢水温度与浇铸质量有密切关系，通常都是用消耗型热电偶测量并用记录仪来显示。现在，以微处理器为中心的新型红外钢水测温仪通过颜色识别，得到钢水真实温度。

（2）浸入式水口混入钢渣检测：为实现无氧化浇铸，在钢包和中间罐之间及中间罐与结晶器之间均装备长的浸入式水口，使钢液密封，不与大气接触。但这样就无法由操作人员直接监视钢水流入情况，而在浇铸末期，由于钢包和中间钢水液位降到很低，易把钢渣混入钢水中，影响钢坯质量，降低收得率，因此必须自动判定是否混入钢渣。

（3）无氧化浇注的微气量检测：为了改善钢坯的品质，近年来采用无氧化浇注，即把中间罐、钢包密闭起来充入惰性气体，需要确定浸入水口等装置内混入空气的情况。关键是分析气中氧含量，并维持氧含量在 0.1% 以下。氧量监视系统是采用氧化锆磁性氧量分析计进行连续分析和记录的。

（4）结晶器钢水液位检测：结晶器钢水液位检测方法有 γ 射线法、热电偶法，电极跟踪式液位计、电磁式液位计和涡流式液位计等测量法。

（5）坯壳与结晶器间摩擦力检测：用来监控钢水中的夹杂物，检测表面缺陷，选择和控制保护渣，防止产生气孔以及检查结晶器内的状态。

（6）钢坯拉漏检测：为使连铸生产过程稳定，预测拉漏是很关键的。拉漏的绝大部分是凝固外壳不良或结晶器润滑粉不良引起不正常的摩擦力造成的。有几种预报的方法，如测定结晶器振动的驱动力、测定结晶器铜板的温度以及测定短边形状等。

（7）板坯短边凹度检测：板坯连铸机结晶器出口处铸坯短边的形状，即短边的凹度是铸坯凝固状况的直接指标，是稳定作业的重要管理项目。

（8）铸坯凝固外壳厚度检测：凝固不良是连铸坯产生内部裂纹的原因，也是发生拉漏事故的原因，故必须掌握铸坯凝固外壳厚度，为此按冷却水量、表面温度推定凝固厚度，并以此控制冷却水量，但这都是间接的方法且准确度不高，为了提高铸坯质量，许多国家都在开发直接测量凝固外壳厚度的仪表，如用电磁超声法的检测器。

（9）热铸坯表面缺陷检测：近年来为了节省能源而将热铸坯直接轧制，这就需要对热铸坯进行表面检测以决定是否需要进行修整或根本不能轧制，其检测方法有：ITV 法，感应加热法，涡流法。

（10）拉矫辊检测：连铸机都配置有拉矫辊，用于拉拔铸坯，但辊子常有磨损、偏心、前后辊位差、基准线不准等问题，当这些偏差（其值按连铸机及产品而异，一般辊间距允许为 0.5mm，基准线为 0.5~1mm）超过一定范围就容易在铸坯中产生中心裂纹而影响质量。辊间距测定又分静态和动态测量两种。

连续铸钢还有其他检测项目，例如利用压头来测量铸坯重量、利用压下杆和位置传感器测量铸坯厚度、利用切割噪声的频谱检测气体切割中的不正常情况等。

5.1.2　连续铸钢自动控制

（1）钢包钢水脱氧自动控制：为控制钢水质量，要测量钢包中钢水温度及氧含量等，并根据钢水中氧含量投入铝丝，近年已用计算机计算投入量，并把铝丝卷在盘上，通过铝丝供给器送入钢包中。

（2）保护渣自动加入控制：在结晶器钢渣液面上放置保护渣是防止钢液表面氧化、吸收上浮非金属夹杂物以及保持铸坯和结晶器间良好润滑所必不可少的。保护渣一般由人工用小铲加入结晶器，当浇注大断面板坯时，人工加入往往成堆或成块而不均匀，故大型连铸机都设有保护渣自动加入系统。

（3）结晶器锥度及宽度自动控制：锥度是结晶器的最主要参数之一。板坯对锥度要求比较严格，一般窄面锥度取 0.8%，宽面锥度取 0.5%，锥度也与拉速和钢种有关。

过去要变更浇注钢坯的尺寸，都是更换不同尺寸的结晶器。近年来，为了提高生产率和节能，特别是把连铸和轧钢连在一起时，需要使连铸与轧钢能力平衡，且要按轧制程序的要求，相应地变更铸坯尺寸，因此结晶器的在线调宽技术得到了发展。日本川崎制铁水岛钢铁厂 5 号连铸机的结晶器锥度及宽度自动控制系统是采用分级计算机控制系统。过程计算机用于确定：钢种、结晶器尺寸及锥度的移动量；计算及控制锥度量；校核模拟式锥度计（倾斜计）示数与计算锥度之间的差别，并监视调宽时的锥度值，利用倾斜计监视调宽之外的结晶器锥度变化。

（4）全自动浇注系统：全自动浇注包括中间罐液位控制、结晶器液位控制和拉速控制 3 个系统的全自动化。在正常操作时，这 3 个控制系统都具有独立小闭环性质，且较稳定和易于操作。但在非正常状态，即开始浇注时，要防止滑动水口闭塞、密封泄漏、铸坯拉漏和结晶器钢水过满溢出等。此外在浇注终了时，由于中间罐液位变低而易于使钢渣夹杂到铸坯中，故在铸造末期要控制浇注速度。

（5）火焰切割后剩余毛刺的自动清理：连铸坯大多用火焰切割方式切成一定长度，这时会在铸坯表面残留一些熔渣（即毛刺）。如果不加清理就进行热轧，会导致钢板表面缺陷。这些毛刺过去一般用人工清除，不仅劳动强度大，而且还无法适应为提高生产率和节约能源而采用的热装技术，故现代连铸都使用自动清理的方法。

火焰切割毛刺自动清理系统包括检测部分，可以测出钢坯的顶边、底边和侧边。然后决定火焰清理装置的位置进行清除。氧枪预热 8~10s 以后，即可以 8~15m/min 的速度除去 1~2mm 的毛刺，烧剥完之后，氧枪自动回复原位。

（6）热状态钢坯自动打印标记：清理后的钢坯必须打印表征钢坯特性的标志。川崎制铁开发的自动打印装置，能在 600~1000℃ 热状态下进行自动打印，字迹在 10m 内清晰可见，长久放置和高压水喷射都不会消失。打印机从轮轴送出，经打印冲孔器冲出文字。然后切成规定长度，由打印处理装置吸附，由喷嘴把涂料吹到钢坯表面进行打印标记。这种装置已在川崎制铁公司水岛厂及千叶厂使用，同时在世界上还有其他公司也采用这样的设备。

（7）钢坯搬运吊车的自动化：为了使吊车运转省力，改善作业环境，并实现钢坯库内物流管理自动化，日本川崎制铁公司开发了吊车搬运钢坯的计算机控制系统。该系统供两台80t吊车，停止精度走行为±33mm，横行为±13mm，使用无线控制方式。系统主要用作把钢坯搬入库内指定地点和从指定地点取出钢坯和实况反馈等。

在整个系统中，为了防止因计算机故障而停歇，系统还设有地面遥控设定盘及操作台等设备，可进行半自动和手动控制。

5.1.3   二次冷却水控制

铸坯从结晶器出来后还是液芯，需在二次冷却区继续冷却，使铸坯完全凝固。在二次冷却过程中，最好能使铸坯表面温度恒定，尽量减少铸坯表面的热应力，防止裂纹产生。二次冷却区的冷却水量分布要根据钢种、铸坯断面、拉速等因素确定。早期二冷水控制使用速度串级控制方式，后来用计算机作二冷水静态控制。现在较好的方法是用传热数学模型计算铸坯表面温度，同时根据实测的铸坯表面温度进行修正，使铸坯在二冷区处于最佳表面温度状态，二冷水量由计算机实行动态闭环控制。每个钢种都对应有无缺陷铸坯表面最佳温度，要保持这样的恒定表面温度，相应求出其耗热量曲线。通过计算机动态闭环控制冷却水量的分布，可使铸坯保持上述的耗热量曲线，使铸坯表面温度稳定在最佳温度范围内。过程控制计算机规定最佳特性曲线，并指示直接控制排水量的微机共同完成二冷水的动态控制。

计算所得铸坯表面温度还必须用实测铸坯表面温度进行修正。因为在计算时作了许多假设以及二冷区辊道的传热等原因，尽管计算值与实测温度很相近，但还是近似的，需经过修正和数据处理后才能准确无误。

5.2   连铸生产过程计算机控制系统

连铸是整个钢铁生产工艺流程中的一个重要环节，要充分发挥连铸的生产能力，就要做到炼钢、钢水包处理，吹氩调温与连铸协调生产。按连铸生产时间表准确提供符合要求的钢水，在连铸机获得钢水后，连铸机的各个生产环节要根据钢水条件，分别调整到符合钢水凝固冷却要求的最佳状态，进行优化生产，这样才能生产出无缺陷的铸坯。要实现这些要求，不是人工操作所能实现的，需要用计算机控制来实现。

大型连铸机一般采用二级计算机控制系统进行控制，同时实现连铸与炼钢及轧钢（或钢坯库）的计算机通信。对于中、小型连铸机，可以采用工控机与智能调节器组成的系统进行控制，工控机中可配备系统组态软件和实时监控软件，实现工控机与智能调节器之间的通信，这样投资较低，功能也比较完备。

生产过程控制计算机的主要功能如下：

（1）生产过程监控：生产过程监控是连铸生产过程计算机控制的基础，其功能为：

1）根据钢种、铸坯尺寸、钢水温度及浇注质量要求给出结晶器内钢水液面设定高度。

2）根据以上条件计算出拉坯速度设定值。

3）二次冷却水模型计算。

4）最佳切割长度计算。

5）根据上位管理计算机的要求和中间包内钢水量、铸坯尺寸及浇注速度，计算结晶器调宽起始时间（此项功能仅为板坯连铸机所用，如板坯尺寸改变或由于轧机辊长的要求）。

6）采用压缩浇注或多点矫直工艺时，应该计算铸坯内外侧的应力，设定有关辊子的压力。

7）电磁搅拌的频率及功率计算和设定。

（2）生产工序协调和操作指导：连铸生产包括几个工序，要生产高质量产品就要求铸机本身各工序相互协调并且与炼钢和轧钢相互协调，这些要求由计算机来完成，其功能有：

1）引锭杆跟踪和自动存放。

2）连铸机的自动起铸和自动停机。

3）与炼钢和轧钢的通信和生产协调。

4）火焰清理操作指导。

5）中间包烘烤操作指导。

6）中间包或钢水包浇注终了预告。

（3）数据收集、处理、显示和打印报表：

1）根据用户要求显示各种动态画面。

2）超限报警、生产报表、显示画面打印。

3）铸坯编号及钢号的设定（送打号机执行）。

（4）质量控制：质量控制是近年发展起来的新技术。连铸的质量控制要从炼钢开始，将生产过程中收集起来的大量数据，根据产品的质量要求，考虑影响质量的各工艺参数，进行整理归纳，得到不同钢种、不同质量要求的各种产品的多组工艺数据的合理控制范围。如钢水温度、液面高度及波动范围、浇注速度、二冷强度等，可将这些参数编制成数学模型存入计算机中。生产时，计算机根据浇注信息和产品规格及要求等对生产过程有关参数进行跟踪，如发现某些数据超出范围，即认为该时刻的铸坯不合乎质量要求，可在铸坯上打出标记，同时在记录纸上记录，也可根据记录找到不合格的铸坯进行处理。例如根据生产积累的数据，浇注某种板坯时要求液面控制的波动范围达到±3mm，而由于某种原因，有一段时间液面控制超出波动范围±5mm，此时计算机计算出该部分铸坯需要进行火焰清理，清理量为若干毫米，以保证表面质量。特别是铸坯热送时铸坯的质量直接影响轧材的质量，必须要求连铸各工序严格按照规定的参数进行生产，目前质量控制技术尚在发展完善中。

（5）设备故障诊断：设备故障诊断是近年发展起来的新技术，是通过诊断系统软件来评价设备运行状况，识别危害连铸机正常运行的各种情况并及时发出报警。例如，可根据拉矫机电动机的电流导出拉坯力，若超过最大允许力值则发出报警。又如，根据辊距测量装置的数据调整辊缝或预告辊子磨损状况及预报维修时间等。作为设备故障诊断需要采集的数据包括：结晶器振动加速度、结晶器锥度、二冷水的压力和流量、辊子的温度、辊距和辊子的弯曲度、拉坯力、辊子承受的压力、润滑系统各参数及电机运行中的电参数。根据上述参数及运行中的工艺参数，由诊断模型对设备故障进行判断。

复习思考题

5-1　简述连铸生产计算机控制系统的作用和必要性。

5-2　简述在连铸生产中哪些因素需要监测和控制。

5-3　如何控制连铸时二冷水的分配？

5-4　生产时如何监测保证连铸时不漏钢？

5-5　简述连铸生产过程控制计算机的主要功能。

6 连续加热炉生产过程自动控制

本章要点 加热是钢铁生产中一个重要环节，加热时内部温度达不到要求会影响内在组织，但过烧也会影响能耗和表面质量，本章介绍了加热炉温控模型的基本原理和钢坯内部温控模型的基本构成。

原料加热是指将原料板坯的温度提高到满足轧制所需温度的过程。原料加热的目的是在轧制前提高其塑性、降低变形阻力，使坯料内外温度均匀。此外加热过程还可以改变金属的结晶组织，使原料的不均匀组织结构及非金属夹杂物形态与不均匀分布在高温加热中扩散而改善结晶组织，对于高速钢，长时间保温可以消除或减轻碳化物的偏析。坯料加热的质量直接影响到钢板的质量、产量、能耗及轧机寿命。

连续式加热炉是热轧生产线的重要设备之一，生产热轧成品钢材所用的连铸坯或粗轧坯必须在连续式加热炉中进行再加热，使其达到热轧所需温度后才能进入轧机进行轧制。钢坯进入加热炉后，连续地经过预热段、加热段和均热段的加热和保温，最后出炉送往轧机进行轧制。在这个过程中，要求被加热的钢坯内外温度均匀，而且不能产生过热或过烧现象，所以对钢坯加热的工艺要求较高。为满足加热工艺的要求，希望加热炉内各段温度分布均匀，调整方便；与此同时，还希望节约原料，提高燃烧效率，尽可能减少环境污染。为达到这些目的，越来越多的连续式加热炉采用了自动化控制系统和集散控制系统，以提高连续式加热炉的技术装备综合水平。

本章介绍加热炉温度控制原理和连续式加热炉自动控制系统。

6.1 加热炉温度控制模型

6.1.1 加热炉炉温控制原理

在钢坯加热过程中，加热炉炉内各段温度值及其均匀性是十分重要的工艺参数。加热炉通常采用轴流式燃烧供热方式。在加热炉的上部和下部各有几个加热区段，各加热区段配置有烧嘴，燃料由调节阀门经烧嘴进入炉内进行燃烧。每个加热区段设有热电偶，用于测量炉内温度，温度实测值作为反馈信号，各加热区段的预期温度通过温度设定值进行设定及调节。对于采用集散控制系统进行控制的加热炉，温度设定及调节可以通过上位机进行，也可以通过各个控制仪表进行。在加热炉中，每个加热区段的控制是类似的，以下为简便起见，均以一个加热区段为例介绍其控制原理。

通过控制系统，操作人员可以对炉内各段温度进行设定，控制系统的调节器根据温度设定值和炉内温度实测值的偏差控制调节阀门的开度，从而改变燃料流量，使炉内温度实际值趋于温度设定值。温度控制系统工作原理如图6-1所示。

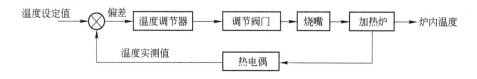

图 6-1　加热炉温度控制原理

在燃烧过程中，送入加热炉的燃料必须与空气混合燃烧，因此，在向烧嘴输送燃料的同时，还要输送空气。为保证炉内的燃料能够充分燃烧，产生期望的热量，应使燃料流量和空气流量保持适当比例，比例过高或过低均会导致炉内得不到应有的热量，产生温度波动，影响加热质量，还会造成燃料浪费和环境污染。

在加热炉炉温控制系统中，空气的过剩率是描述燃料流量和空气流量比例是否合适的重要参数。μ 值应该按下式计算：

$$\mu = \frac{A_t}{A_r} \qquad\qquad (6\text{-}1)$$

式中　　A_t——入炉空气量；

　　　　A_r——燃烧中实际空气用量。

图 6-2 所示是加热炉炉内燃烧热效率与空气过剩率的关系。燃烧热效率与空气过剩率的取值分为3 个区域：偏小区域、低空气过剩率区域及偏大区域。

由图 6-2 可见，当 μ 值处于偏小区域时，炉内空气量不足，导致燃料燃烧不充分，造成热损失，热效率较低，同时还会产生黑烟污染环境。当 μ 值处于偏大的区域时，炉内空气量过多，烟气将带走

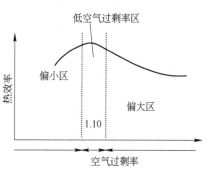

图 6-2　空气过剩率区域图

大量热量，也将导致热效率下降；只有当 μ 值处于低空气过剩率区域时，热效率才达到最大，产生最佳燃烧，污染也会最小。低空气过剩率区域随炉型及燃料的不同而不同，一般情况下，大约在 $\mu = 1.10$ 附近。

为使 μ 值处于低空气过剩率区域，产生最佳燃烧，在加热炉温度控制系统中应包含空燃比控制系统，以控制燃料流量和空气流量的比例，空燃比控制系统如图6-3所示。

系统中燃料流量用转子流量计进行测量，燃料流量实测值作为燃料流量反馈信号，空气流量用孔板进行测量，空气流量实测值作为空气流量反馈信号。图 6-3 中温度调节器的输出并不直接控制燃料调节阀，而是作为燃料设定值，与燃料实测值进行对比后，利用偏差来控制燃料调节阀，使燃料流量控制在保持炉内温度所需的流量上。空燃比曲线是预先测定的燃料流量和空气流量的比例关系，在这个比例关系下，燃料可达到最佳燃烧效果，很少造成燃料浪费和环境污染。通过空燃比曲线将燃料设定值转换为空气设定值，它与空气实测值进行比较后，利用偏差来控制空气调节阀，使空气流量保持在最佳燃烧所需的流

量上。应该注意的是，当加热炉的状态发生大的变化时（如大修或改造后），应根据实际
对空燃比曲线进行调整。

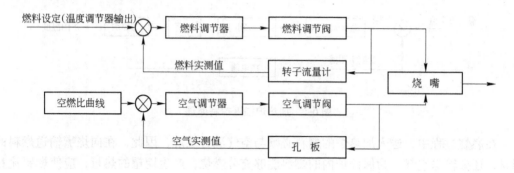

图 6-3　空燃比控制系统

6.1.2　双交叉限幅燃烧控制方式

以上介绍了加热炉温控原理。目前在生产过程中广泛应用的是双交叉限幅燃烧控制方
式，它是一种低燃烧控制系统（即低过剩氧燃烧控制系统），低氧燃烧控制就是将空气过
剩率控制在低控制过剩率区域中。通过这种控制系统可提高热效率，减少炉内废气中的有
害成分，如 N、S 等，从而提高钢坯加热质量，减少表面氧化，还可以节约燃料，减少环
境污染。

双交叉限幅燃烧控制方式如图 6-4 所示。系统在串级控制的基础上增加了交叉限幅控
制方式，炉温调节与燃料及空气流量调节构成串级控制系统。

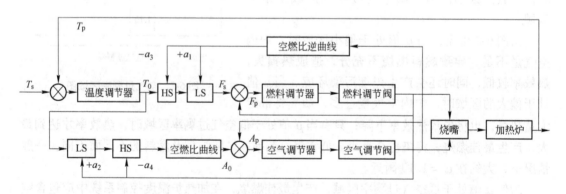

图 6-4　双交叉限幅燃烧控制系统

在燃料流量控制回路中，温度调节器输出与空气流量实测值（赋予负偏置 a_3 后）一
同送入高选器 HS（选择特性为高值通过）；高选器输出值再与空气流量实测值（赋予正偏
置 a_1 后）一同送入低选器 LS（选择特性为低值通过）。低选器输出值即为燃料流量调节
器的设定值。

类似地，在空气流量控制回路中，温度调节器输出与燃料流量实测值（赋予正偏置 a_2
后）一同送入低选器 LS；低选器输出值再与燃料流量实测值（赋予负偏置 a_4 后）一同送

入高选器 HS。高选器输出值即为空气流量调节器的设定值。

上述 a_1、a_2、a_3、a_4 的值均很小，一般取为燃料流量实测值和空气流量实测值的 $1\% \sim 3\%$ 且 $a_2 = a_3 > a_1 = a_4$。

双交叉限幅燃烧控制系统不仅能在热负荷恒定的工况下保持适当的空燃比，而且在热负荷变化的工况下，仍能保持适当的空燃比，不仅不会因空气不足产生黑烟现象，也不会因空气过量产生过氧燃烧现象。

以下对交叉限幅燃烧控制系统的工作原理进行讨论。

（1）热负荷恒定工况。假定热负荷恒定，系统处于某一平衡状态，此时：

$$A_p = \beta F_p \tag{6-2}$$

式中　β——系统处于某一平衡状态时所对应的在空燃比曲线上的取值；

　　　A_p——空气流量实测值；

　　　F_p——燃料流量实测值。

在这种状态下，下列条件一定成立：

$$\frac{A_p}{\beta} - a_3 < T_0 < \frac{A_p}{\beta} + a_1$$

$$F_p + a_2 > T_0 > F_p - a_4$$

式中　T_0——温度调节器输出。

这时高选器和低选器均不起作用，因此：

$$T_0 = F_s = F_p$$

$$\beta T_0 = A_s = A_p$$

式中　F_s——燃料流量设定值；

　　　A_s——空气流量设定值。

系统在此状态下稳定工作。

（2）热负荷增加工况。假设需要提高炉温，将温度设定值 T_s 加大，系统所处平衡状态将被破坏，T_0 随之上升，F_s 和 A_s 也将随之上升，从而导致 F_p 和 A_p 的增加。一般情况下，燃料调节阀的惯性比空气调节阀的惯性小得多，因此，F_p 的增加速率要比 A_p 的增加速率快得多，这将在瞬间导致空燃比过低，产生黑烟，但在 a_1 很小的情况下，将有：

$$T_0 > \frac{A_p}{\beta} + a_1 \tag{6-3}$$

在低选器的作用下，实际的燃料流量调节器设定值 F_s 为：

$$F_s = \frac{A_p}{\beta} + a_1 < T_0$$

从而使 F_s 的上升速率得到延缓，起到抑制 F_s 的增加速率的作用。

另外：

$$T_0 > F_p + a_2 > F_p - a_4$$

在低选器和高选器的作用下，实际的空气流量调节器设定值 A_s 为：

$$A_s = \beta(F_p + a_2)$$

因为 F_p 的增加速率较快，等于使 A_s 的上升速率加快，起到加大 A_p 的增加速率的作用。

由上述可知，在热负荷增加时，系统在双交叉限幅的制约下，抑制了 F_p 的增加速率而加大了 A_p 的增加速率。因此，尽管燃料调节阀的惯性小于空气调节阀的惯性，但 F_p 的增加速率与 A_p 的增加速率仍可保持基本一致，不会产生空燃比过小的现象。

随着 F_p 和 A_p 的逐渐增大，最终将重新达到式（6-3）的状态，双交叉限幅不再起作用，系统将处于一个新的热负荷平衡状态下稳定工作。

（3）热负荷减少工况。假设需要降低炉温，将温度设定值 T_s 减少，系统所处平衡状态将被破坏，T_0 随之下降，F_s 和 A_s 也将随之下降，从而导致 F_s 和 A_s 的减少。此时，F_p 的减少速率要比 A_p 的减少速率快得多，这将在瞬间导致空燃比过高，浪费大量的热量。但在 a_3 很小的情况下，将有：

$$T_0 < \frac{A_p}{\beta} - a_3 < \frac{A_p}{\beta} + a_1 \tag{6-4}$$

在高选器和低选器的作用下，实际的燃料流量调节器设定值 F_s 为：

$$F_s = \frac{A_p}{\beta} - a_3 > T_0$$

从而使 F_s 的下降速率得到延缓，起到抑制 F_p 的减小速率的作用。

另外：

$$T_0 < F_p - a_4 < F_p + a_2$$

在高选器和低选器的作用下，实际的燃料流量调节器设定值 A_s 为：

$$A_s = \beta(F_p - a_4)$$

因此，F_p 的减少速率较大，等于使 A_s 的下降速率较大，起到增大 A_p 的减小速率的作用。

由上述可知，在热负荷减少时，系统在交叉限幅的制约下，抑制了 F_p 的减小速率而增大了 A_p 的减小速率，从而使 F_p 的下降速率与 A_p 的下降速率仍可保持基本一致，不会产生空燃比过高现象。

随着 F_p 和 A_p 的逐渐下降，最终将重新达到式（6-2）的状态，双交叉限幅不再起作用，系统将处于一个新的热负荷平衡状态下稳定工作。

根据以上讨论，不管热负荷怎样变化，在双交叉限幅燃烧控制方式的制约下，系统动态过程中始终会保持一个适当的空燃比。

6.2 炉膛压力控制模型

炉膛压力能反映出炉膛内气体的充满程度，因此炉膛压力控制将直接影响炉温、燃料消耗及加热炉设备的寿命。

炉膛压力与加热炉热负荷有着非常密切的关系，在热负荷变化时应对炉膛压力进行及时调整。通常情况下，炉膛压力控制以控制均热段炉膛压力等于微正压为目标。因为在出钢过程中炉门要开启，若均热段炉膛压力等于负压，则炉外冷空气将进入炉内，导致炉内温度降低；若正压值过大，则炉气将通过炉门涌出，造成炉内热量损失。这些现象将导致钢坯加热质量下降，燃料消耗增加。

炉膛压力控制可采用两种方法：对于带有余热锅炉的加热炉，可通过调节引风机的抽力实现炉膛压力控制；对于不带有余热锅炉的加热炉，可通过调节烟道翻板的开度实现炉膛压力控制。后一种情况下的炉膛压力控制系统如图6-5所示。

图6-5 炉压控制系统

炉压设定值设为微正压，压力变送器连续测量炉膛压力，并与炉压设定值比较，偏差为正时，说明炉膛压力偏低，应减少烟道翻板开度，限制烟气流出，使炉压提高；反之，偏差为负时，说明炉膛压力偏高，应增大烟道翻板开度，促使烟气流出，使炉压降低。

6.3 钢坯内温度模型

温度跟踪程序每30s对炉内所有板坯的温度变化进行计算，给出每块板坯的表面温度、中心温度和平均温度，供其他程序（如炉段最佳设定温度计算、HMI和轧线程序）使用。温度跟踪程序的基本原理如下：

温度计算采用五层计算物理热模型，该模型根据区段的温度测量值、燃料流量测量值和钢板的热传导性计算板坯上表面到下表面的温度分布。

计算模型分两步操作：首先计算板坯的表面热流和表面温度，第二步计算板坯内的温度分布。板坯温度跟踪模型实现板坯从入炉开始到抽出为止的全部加热过程的温度实时计算跟踪。

加热炉内的热交换机理相当复杂，参与热交换过程的主要对象是高温炉气、炉墙和钢坯，而钢坯厚度方向的温度分布是符合热传导定律的，因此，温度跟踪模型从原理上可以分为两个部分。

首先通过热平衡方程，给出炉膛、炉气、板坯表面温度三者之间的关系。热平衡方程的导出过程如下。

钢坯、炉墙表面换热量分别为：

$$Q_1 = \varepsilon_p (\sigma T_p^4 - A_1 / B) / (1 - \varepsilon_p) \tag{6-5}$$

$$Q_2 = \varepsilon_w (\sigma T_w^4 - A_2 / B) / (1 - \varepsilon_w) \tag{6-6}$$

式中　Q_1——钢坯表面换热量；

Q_2——炉墙表面换热量。

当炉墙处于热稳定状态时，假定炉墙上的热损失被炉墙上对流的炉气补偿，通过炉墙的热损失可以忽略，令 $Q_2 = 0$，即式（6-6）右端分子为 0，由此可以导出以下的基本表达式：

$$-\varphi\tau\varepsilon_\mathrm{p}T_\mathrm{p}^4 + [1 - \tau(1 - \varphi) - \varphi\tau^2(1 - \varepsilon_\mathrm{p})]T_\mathrm{w}^4 - \varepsilon_\mathrm{f}[1 + (1 - \varepsilon_\mathrm{p})\varphi\tau]T_\mathrm{f}^4 = 0 \quad (6\text{-}7)$$

式中 T_p——板坯的表面温度；

T_w——炉墙的表面温度；

T_f——烟气温度。

通过实测炉膛的温度，反复迭代计算得出炉膛温度和烟气温度的分布曲线，从而得出炉内板坯表面的温度分布曲线。然后依据导热方程计算出板坯在 Δt 时间后的温度增量，从而导出板坯的内部温度分布，从而实现对炉内板坯温度的实时跟踪。

无内热源的一维热传导问题用方程（6-8）来描述，即：

$$\frac{\partial}{\partial x}\Big[\lambda(T)\frac{\partial T}{\partial x}\Big] = \rho c(T)\frac{\partial T}{\partial t} \quad (6\text{-}8)$$

其中导热系数 λ 和比随温度变化，为消除非线性因素引入克希霍夫（Kiuchhoff）变换，可得：

$$\frac{\partial u}{\partial x} = \frac{\partial u}{\partial T}\frac{\partial T}{\partial x} = \lambda(T)\frac{\partial T}{\partial x} \quad (6\text{-}9)$$

$$\frac{\partial H}{\partial t} = \frac{\partial H}{\partial T}\frac{\partial T}{\partial t} = c(T)\frac{\partial T}{\partial t} \quad (6\text{-}10)$$

由式（6-8）及式（6-9），则式（6-10）可以化成：

$$\frac{\partial^2 u}{\partial x^2} = \rho\frac{\partial H}{\partial t} \quad (6\text{-}11)$$

把式（6-11）写成差分形式为：

$$\frac{u(x + \Delta x) - 2u(x) + u(x - \Delta x)}{\Delta x^2} = \rho\frac{H(t + \Delta t) - H(t)}{\Delta t}$$

由此得到热焓随时间变化的表达式为：

$$H(t + \Delta t) = H(t) + \frac{\Delta t}{\rho\Delta x^2}[u(x + \Delta x) - 2u(x) + u(x - \Delta x)] \quad (6\text{-}12)$$

式中，Δt 为时间增量，$\Delta x = h_0/n$ 为钢坯厚度增量（h_0 为钢坯厚度）。

应用式（6-12）可以求出钢坯内部每 $2 \sim (n-1)$ 层热焓和时间的关系，钢坯的上、下表面（第 1、n 层）用下面的方法来处理。对函数 $u(x)$ 应用二阶泰勒公式可得：

$$u(x + \Delta x) = u(x) + \Delta x\frac{\mathrm{d}u}{\mathrm{d}x} + \frac{\Delta x^2}{2!}\frac{\mathrm{d}^2 u}{\mathrm{d}x^2} \quad (6\text{-}13)$$

根据傅立叶定律,钢坯表面热流量表示为 $Q = -\lambda \dfrac{\partial T}{\partial x}$,由式(6-10)可得:

$$Q = -\frac{\partial u}{\partial x} \qquad (6-14)$$

把式(6-11)、式(6-14)代入式(6-13)后可得:

$$u(x + \Delta x) = u(x) + \Delta x(-Q) + \frac{\Delta x^2}{2!}\rho\frac{\mathrm{d}H}{\mathrm{d}t}$$

把 $\dfrac{\mathrm{d}H}{\mathrm{d}t}$ 写成差分形式,上式化成:

$$H(t + \Delta t) = H(t) + \frac{2\Delta t}{\rho\Delta x^2}[u(x + \Delta x) - u(x) + \Delta x Q] \qquad (6-15)$$

$$T(I) = a + bH(I) + cH(I)^2 + dH(I)^3 \qquad (6-16)$$

式中,I 为节点号,$T(I)$ 为节点温度,$H(I)$ 为节点处热焓。

6.4 连续加热炉自动智能控制系统

智能控制系统是自动控制发展的高级阶段,是人工智能、现代控制论与运筹学等多种学科的高度综合与集成,是一门新兴的交叉前沿学科。

智能控制是一类无需人的干预就能够独立地驱动设备实现其目标的自动控制。主要用来解决那些用传统控制方法难以解决的复杂系统的控制问题和一些不确定性的问题。它的主要目标是探索更加接近人类大脑处理事物的“思维”模式,也是研究一种数理逻辑,能使机器像人一样,根据少量模糊信息,依据一定的推理准则进行“思维”,就可以得出相当准确的或足够近似的结论和控制策略。

传统控制包括经典控制和现代控制理论控制,它们的主要特征是基于精确的系统数学模型的控制。而实际系统由于存在复杂性、时变性、不确定性和不完全性等,一般都无法获得精确的数学模型,而它的控制算法却是固定的,因此缺乏控制的灵活性和应变能力,故很难胜任对加热炉这类复杂系统的控制。

智能控制是以改变控制策略去适应对象的复杂性和不确定性。它具有自学习能力,具有适应性、容错性、鲁棒性、组织功能、实时性和人机协作等功能。它不仅依靠数学模型,而且根据知识和经验进行在线推理,确定并优选最佳的控制策略,针对某种不确定性使系统保持预定的品质和期望的目标。

计算机可以根据加热炉的环境信息模型,测知许多必需的信息(如温度、流量、压力等),再由计算机进行思维推理、优化控制策略,发出控制行为信息,使对象达到目标要求。在工况发生变化(如炉膛温度降低),计算机根据感知信息,可以由存储的众多应对措施中优选出一条能达到最大热效率、最少能耗、最少氧化烧损、最高产量、最低成本等目标的最佳应答。就像计算机下棋一样,计算机可以分析国际象棋冠军走的每一步棋,计算机能在 1s 内进行上亿次的计算,再从其中优选出一步最佳的棋着,这是人脑所望尘莫及的,计算机下棋战胜了世界象棋冠军。它是人工智能成功应用的高级范例,也为我们工业控制智能化提供了很多启示。

在实际工业炉窑的智能控制中，并不需要这么高的运算速度，也不要这么多条应对措施，如果对于每种扰动，系统能有 5 种应对措施，并能在 5 种措施中优选出最佳的一条对策，这就会比任何单一的对策要优越和高明得多。

下面再以加热炉的温度检测为例来说明温度模糊处理的情况。

加热炉内温度状况很复杂，如图 6-6 所示，主要有以下几种：炉膛温度、炉壁温度、钢锭表面温度、钢锭中心温度。而实际易测的只是炉内某一点的炉膛温度，我们就取这一温度作参照，结合专家系统的分析，模糊推知其他温度，因为它和其他温度的升降趋势是一致的。这样，检测就可大大简化，给控制带来很大的方便。

将智能控制的目标函数与人工智能技术都采用模糊逻辑的处理方法，依靠丰富灵巧的软件，充分

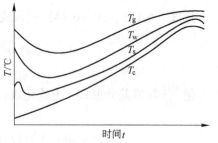

图 6-6 加热炉内温度曲线
T_s—钢锭表面温度；T_c—钢锭中心温度；
T_g—炉膛温度；T_w—炉壁温度

发挥计算机的高速运算和逻辑分析两大优势，就能在无需依托炉窑精确数学模型的情况下实现以下性能优异的智能控制：

（1）控制规律的在线自动选择。在加热炉控制中，其控制规律应随着工况的变化而自动变换。例如：在加热升温时，重点在于自动搜索并跟踪调节最佳空气燃料配比，因而采用自寻优的控制规律。在保温或均热期，重点在尽量减少保温的偏差，保持合适的炉内气氛，以尽量减少氧化烧损，则可采用智能 PID 调节或相关的程序控制。

（2）工作参数的在线自动整定。以智能 PID 调节为例，其数学表达式为：

$$V = K_p E + E_I \int E \mathrm{d}t + K_D \mathrm{d}E/\mathrm{d}t \tag{6-17}$$

式中，$E = V_0 - V$。

在常规 PID 中，K_p、K_I、K_D 都是由人工整定的，而在本系统的智能 PID 中，则可根据偏差 E 和偏差的变化率 $\mathrm{d}E/\mathrm{d}t$ 来自动整定。即 $K = f(E, \mathrm{d}/\mathrm{d}t)$，这样就能自动保持最佳的工作参数和良好的调节品质。

（3）设定值的自动修正。常规的设定值都是人工给定不变的，在实际生产中往往满足不了工况变化的要求。以加热炉的出炉温度为例，这个温度的设定值应能随着轧钢工艺的变化而自动改变，轧速高则要求炉温的设定值高一些，轧速低或故障停轧时，则要求自动降低温度，停轧时间越长，温度设定值降低越多。因此，这个温度设定值是轧制速度 V 和停轧时间 t 的函数，即 $T = \Phi(V, t)$。这样，智能控制系统就可以自动修正有关的设定值。

（4）逻辑推理自学习控制。在工业炉窑中，为了避开那些检测和建模的困难而采用智能控制技术，可以根据易测的已知量，加以自动逻辑推理判断，自学习归纳得出许多重要的判据来。例如，根据检测的温度、流量、压力等物理量加以逻辑推理，就可以千变万化：判断燃烧时空气/燃料配比的优劣，判断炉内热效率的高低，判断轧钢的节奏和状况，实现炉内坯料跟踪等。

6.5　某公司加热炉控制系统的功能说明

6.5.1　PDI 数据输入

接收从连铸二级机发送来的板坯信息作为原始数据的输入，提供生产计划人员编制生产计划所需的画面，形成轧制计划。并将轧制计划传送给加热炉和轧线的计算机。为了加快生成轧制计划清单的速度，要提供成熟的工艺参数方案便于操作人员选用。板坯钢卷号的形成由技术人员完成。由于本系统没有板坯库的堆放信息，因此当形成轧制计划并打印出清单后，板坯备料人员应严格按照清单内容和顺序组织备料并严格按此顺序上料以保证跟踪的正确。连铸二级机应以浇注炉次为单位向 PDI 计算机成批量地发送信息。信息包含板坯号、尺寸、化学成分等信息，具体如下：

（1）报文头 ID

（2）本炉次板坯块数

（3）板坯材质钢种

（4）化学成分 1

（5）化学成分 2…

　　　（成分的具体项数以公司总体设计的要求为准）

（6）板坯数据结构

数据结构：

…板坯 1 的板坯号、长、宽、厚（mm）、重（kg）"/"

…板坯 2 的板坯号、长、宽、厚（mm）、重（kg）"/"

…板坯 n 的板坯号、长、宽、厚（mm）、重（kg）"/"

n：本炉次浇注的板坯块数。

（7）报文结束（EXT）

在核对前必须将该板坯的有关信息输入过程机中（从三级计算机或 PDI 计算机传来）。

6.5.2　产品的核对

在板坯装载操作室的二级计算机操作终端上有装载/板坯号核对画面，画面下部显示等待装载的板坯的计划数据。板坯完全进入 B1 辊道后停止运行。操作人员在一级系统的 HMI 画面上输入打印在板坯实物上的板坯号，并由一级计算机将该信息传送到二级计算机。二级计算机在与轧制计划核对板坯号无误后向一级计算机发送该板坯的钢卷号和炉列号及板坯的尺寸数据信息。此时，产品的核对完成。一级计算机启动 B1 辊道将板坯输送到炉前辊道（C 辊道）进入相应的炉前进行定位。如果板坯号有误，操作员将根据具体情况，在二级机的画面上选择"板坯缺号"或在一级计算机的 HMI 上将跟踪"吊销"处理。"板坯缺号"信息将由二级机送到轧线二级机以使得能准确地调整轧制计划。

6.5.3　产品的炉前操作

当在 B1 辊道上的板坯完成板坯号的核对以后，计算机将决定板坯装入炉号和炉列，并将板坯核对完成标志和板坯装入炉号和炉列下送到一级机，由一级机将板坯运送到指定的装炉辊道定位和装炉。在板坯定位完成并经装钢机将其装入炉内后，一级计算机要向二级计算机发送含有钢卷号、板坯入炉温度、炉号、位置坐标、侧坐标等的信息。在每座加热炉的炉门入口处应设置有一台红外温度测量装置。当板坯入炉时一级计算机启动温度扫描装置并计算出板坯的温度。二级计算机会将该板坯的跟踪修正到炉内跟踪区。

交叉装钢功能：将冷热轧制计划分区存放，实现冷热分炉交叉装钢。

6.5.4　板坯位置跟踪

过程机根据从一级计算机传来的信息追踪板坯在炉内的位置。跟踪信息包括板坯在炉内前/后段步进梁的移动行程、炉号，板坯超过出口激光检测器的行程等。

数据传输时序是在步进梁动作完成的同时。

6.5.5　板坯的抽出

板坯的抽出操作有两种方式：自动和半自动。

（1）自动方式：加热炉二级计算机在接收到轧线计算机发出的要钢指令（节奏方式下）或定时计数到达（定时方式）时，向一级计算机发出抽钢指令信息，该信息含有钢卷号、炉列号。一级计算机在完成抽出动作和辊道对中后向二级计算机发送抽出完成信息，该信息含有钢卷号、炉列号。此时二级计算机将向轧线计算机发送板坯抽出信息。该信息含有 6 块板坯的详细信息（具体内容以要求为准）以及只含钢卷号的 60 块板坯的顺序信息。其他的信息以二级系统的要求为准。

（2）半自动方式：在生产的启动时或在长时间的停顿后恢复生产时，操作人员应该通过操作台的按钮直接启动抽出操作，一级计算机在完成抽出动作和辊道对中后向二级计算机发送抽出完成信息。该信息含有钢卷号、炉列号。此时二级计算机将向轧线计算机发送板坯抽出信息。该信息含有 6 块板坯的详细信息（具体内容以要求为准）以及只含钢卷号的 60 块板坯的顺序信息。其他的信息以二级系统的要求为准。

6.5.6　生产节奏

板坯号核对完成后，控制系统立即进行燃烧控制与轧制节奏控制策略计算，包括：

（1）预计算板坯最小在炉时间；

（2）板坯抽出目标温度的设定与计算；

（3）炉温设定曲线的设定与计算；

（4）炉子节奏的预计算等。

节奏控制分为两种，节奏方式和定时方式。

（1）节奏方式：炉子过程机计算出炉子的瓶颈时间供轧线过程机的节奏程序计算使用，接收来自轧线计算机的抽钢指令进行抽钢操作。

（2）定时方式：炉子过程机接收来自轧线过程机给定的出钢定时或由操作人员在加热炉计算机上给出的出钢定时计算出抽出指令发出点。在发出点到达时向一级计算机发出抽钢指令信息。

操作人员可以选择节奏或定时方式进行控制。

6.5.7　炉段最佳设定温度计算

（1）计算机控制方式：过程控制机根据区段中主要坯料的特点计算出优化的设定值。

板坯在炉内加热的过程中，如何给出一个合适的最佳的设定温度是最佳化燃烧控制系统的关键。本模型给出炉子各上部段的温度设定值，由仪表执行机构实现 TIC 控制，达到按目标温度加热板坯的目的。

该模型首先会依据出炉目标温度为每一块入炉的板坯找出一条最佳的升温曲线，并依此为每块板坯给出在炉内各段出口处应达到的目标温度，简而言之模型将炉子按段划分为数个区域并独立地为每个段给出最佳的温度设定值。

依据轧制节奏得出炉子生产的速度，据此算出板坯在炉内的移动速度，速度的导出要根据板坯移动速度和炉子响应时间，确定出该段应考虑的板坯范围（即形式炉段内的板坯）。对形式炉段内的所有板坯，算出该坯在段出口处达到目标温度所需要的温度设定值。

将所有的设定值进行加权计算，得出将提供给一级的累计均方差最小的最佳温度设定值，使得该设定值能兼顾到该形式炉段内所有板坯的升温需要，从而达到最佳化的设定温度。由于该设定温度是计算机根据实际的板坯精密计算而得出的，所以其较传统的人工控制和因人而异的经验控制会精确和合理得多。最佳化节能的一个主要方面即是以此为根据的。另一个措施就是合理的延迟策略。

（2）自动状态（本机自动）：根据生产能力、产品类型，操作人员在 DCS 过程控制机上给出各个热供给段的上部段的温度设定值。下部段的控制采用比例流量的方法与上部段联动控制。

（3）手动方式（本机手动）：操作人员根据经验给出各上、下部段的燃料流量。

6.5.8　炉段最佳设定温度计算自适应

炉内加热过程是一个非常复杂和扰动因素很多的大滞后惯性过程，至今世界上也没有一套能完全描述的精密的数学模型。因此，模型的计算结果要依据实际的板坯温度来进行检验和修正，出炉温度反馈模型即是为此目的而设计的。

根据带钢在 R2 出口处的板坯实测温度及带钢从出炉辊道开始的所有实际工艺过程数据，该模型要计算出由于压延变形而产生的升温、在辊道上传送期间的空冷温降以及由于除鳞水而带走的板坯热量，并由此推导出板坯在出炉时的实际温度，据此来校正各段的温度设定值，从而实现板坯温度控制的自适应功能。

6.5.9　延迟策略计算

任何工厂的生产都不会是一帆风顺平稳的，总是会出现各种情况的故障，那么在故障期间炉子的燃烧控制也就是一个必须要经常面对的课题。

延迟一般按时间可分为两种：（1）短暂的有计划的延迟；（2）紧急突发事件导致生产立即停顿。对于（1）类情况可以针对该板坯开始的后续板坯增加相应的在炉时间从而改变其升温曲线（升温曲线是依据板坯规格和在炉时间以及目标抽出温度来进行选择确定的），由此，燃烧控制模型就会降低该延迟开始后的板坯的设定温度。对于（2）类情况可以由操作工人根据实际情况给出大概的事故处理所需要的停顿时间将其输入到控制系统中。此时，燃烧控制模型会逐步地降低炉内所有产品的段末目标温度，在估计的生产开始时间到达前30min开始恢复各板坯的目标温度，从而取得节能和减少烧损的效果。

6.6 加热炉控制系统与其他控制系统的通讯

所有的通讯均采用TCP/IP协议。

（1）与PDI计算机进行的轧制计划数据通讯。接收由PDI计算机发出的轧制计划数据。

（2）与三级管理计算机的通讯。接收由三级管理计算机发出的轧制计划数据。

（3）与轧线二级计算机的通讯。

1）接收轧线计算机给出的节奏指令和带钢在R2出口的实际温度测量值。

2）发送板坯的出钢信息及后续的5块板坯数据。

3）发送炉区的60块出钢顺序数据。

（4）加热炉一级计算机的通讯。

1）与1号炉PLC1的通讯。

① 接收1号加热炉的步进梁移动信息。

② 每分钟接收1号加热炉的热工数据和控制状态信息。

③ 1号加热炉板坯抽出信息。

④ 每5min传送1号炉温度设定值信息。

⑤ 发送1号加热炉抽钢指令。

⑥ 接收1号加热炉的板坯返装信息。

⑦ 炉区工作炉状态信息。

2）与2号炉PLC2的通讯。

① 接收2号加热炉的步进梁移动信息。

② 每分钟接收2号加热炉的热工数据和控制状态信息。

③ 2号加热炉板坯抽出信息。

④ 每5min传送2号炉温度设定值信息。

⑤ 发送2号加热炉抽钢指令。

⑥ 接收2号加热炉的板坯返装信息。

⑦ 炉区工作炉状态信息。

3）与3号炉PLC3的通讯。

① 接收3号加热炉的步进梁移动信息。

② 每分钟接收3号加热炉的热工数据和控制状态信息。

③ 3号加热炉板坯抽出信息。

④ 每5min传送3号炉温度设定值信息。

⑤ 发送3号加热炉抽钢指令。

⑥ 接收3号加热炉的板坯返装信息。

⑦ 炉区工作炉状态信息。

4）与辊道顺控PLC4的通讯。

① 接收板坯号核对信息。

② 接收板坯的入炉信息和装入温度信息。

③ 发送板坯的钢卷号、炉列号的设定信息。

复习思考题

6-1 简述加热时炉温控制的基本原理。

6-2 简述双交叉限幅燃烧控制方式的基本思路。

6-3 如何控制加热时炉膛内压力？

6-4 生产时如何计算跟踪加热时钢坯内温度？

6-5 简述计算机控制系统在加热时的重要作用。

7 高速线材生产过程自动控制

本章要点 本章主要介绍了高速线材的生产设备和生产特点，高速线材自动控制系统的基本构成和硬件状况，最后介绍了具有独立知识产权的高速线材控冷段质量监控系统的基本概况。

7.1 高速线材生产线简介

线材断面小温降快，用于拉拔的线卷要求盘重大，整卷尺寸波动小，于是轧制出口速度不得不提到很高。于是对设备尤其精轧有特殊要求，以下以某生产线为例介绍生产工艺流程（图 7-1）。

一般高速线材粗轧、中轧都为 6 架，可以是牌坊轧机也可以是高刚度短应力线轧机，可以平立交替也可全水平带扭转。预精轧可以是牌坊轧机，也可以是悬臂轧机。精轧较少动态速降，采用成组传动的轧悬臂机组。新型摩根轧机采用全线无扭单线连续轧制，高架式布置，设计速度 132m/s，最小辊径时保证速度 105m/s，最大轧制速度 120m/s，最多轧制 26 道次。坯料尺寸 140mm×140mm×16000mm，成品线材 ϕ5.5～20mm，螺纹钢盘条 ϕ6～16mm，最大盘重达 2.4t。连铸坯从连铸机收集台架经辊道和提升装置输送至高架平台，再经装炉辊道由侧面装入步进式加热炉，完成热装过程。沿线设热坯缓冲台架、冷坯上料台架（也可冷装）和钢坯称重装置。

钢坯从炉内出炉辊道侧向出料，由拉钢机夹送喂入第 1 架粗轧机，机前设拉断剪和高压水除鳞装置。高压水压力 20MPa，钢坯边轧边除鳞。拉断剪在事故时卡断钢坯，余段送回炉内保温。

粗、中轧机各 6 架，平立布置，立式轧机采用上传动，1～3 机架为 550 轧机，4～6 机架为 450 轧机，7～12 机架为 400 轧机，均匀双支点两辊机，单独传动。闭口式钢坯切割牌坊，焊接机架、液压轧辊平衡，液压马达空载压下调整，液压横移整机座或辊系更换孔型或轧辊。

6 机架后设 1 号启停式曲柄回转飞剪，切头尾和切废，最大剪切断面 3121mm^2。12 机架后设 2 号启停式回转飞剪，两对刀刃，切头与切废，剪切断面 894mm^2。

从中轧 10 机架开始到精轧机组 17 机架前均设活套，预精轧机和精轧机组前为侧活套，其余为立活套，以实现无张力轧制，确保进精轧机的轧件精度。

悬臂式 285mm 预精轧机组共 4 架，平立布置，立式轧机采用下传动，辊箱与伞齿轮减速箱合成一体，提高了主电机标高；带偏心调整的两根轧辊轴装在可单独装拆的抽屉式小辊箱内，检修时便于快速更换。预精轧机组前设卡断剪。

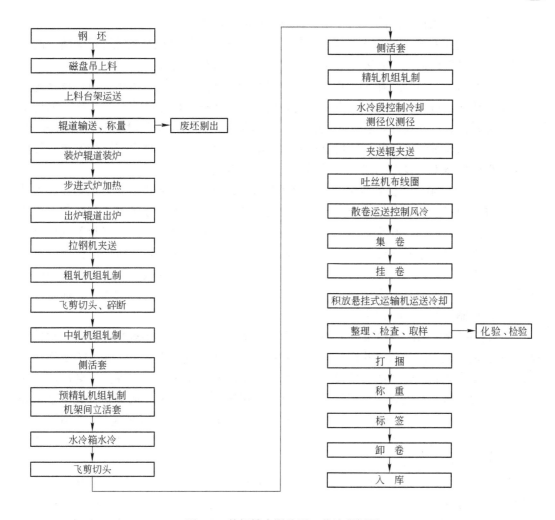

图 7-1 某钢铁有限公司工艺流程框图

轧件出预精轧机组，经 3 号飞剪、侧活套入精轧机组。3 号启停式回转型切头分段剪，两组刃，切头尾和分段，分段后经碎断剪碎断，剪切断面 484mm²。精轧机组前设卡断剪。

10 架摩根无扭 45°V 型（顶交）精轧机组，超重型机架，前 5 架轧辊 ϕ230mm 提高轧制能力，后 5 架 ϕ160mm 提高高速下的能力。主电机交流 6800kW。

精轧机组前后和机组内部都设水冷控温装置，控制精轧入口温度、轧件温度和吐丝温度，并进行在线热处理，控制晶粒长大和减少氧化铁皮或芯热回火，以改善成品冶金性能和力学性能。精轧机组后水箱中部预留 TEKISUN 减径定径机组。精轧机组后设涡流探伤仪和测径仪。

成品线材经夹送辊和吐丝机，散卷在辊式延迟型斯泰尔摩输送机上二次冷却，然后集卷经积放悬挂式运输线、压紧打捆、称重、卸卷入库。

7.2 高速线材轧机的自动控制系统

为实现对现代化高速线材轧机生产工艺的各种控制功能，需采用计算机系统进行自动化控制。用于高速线材生产的自动控制系统应具备以下功能：

（1）人机通讯系统：操作人员通过计算机操作站可以和轧机控制系统进行对话，能够灵活地进行轧机排列选择、各种参数设定、过程显示和过程监视等。

（2）速度设定：轧机主辅调速电机的速度既可以单独手动设定，也可以通过程序进行行动设定。通常，每个产品规格对应一个轧制程序，每架被选择轧机的一些参数（如传动速比、延伸系数、产品尺寸、轧件平均高度、辊缝值、终轧速度等）事先编制在程序中，自动设定时，只需重新设定每架轧机更换后的轧辊辊环直径，由计算机按照秒流量相等原则设定每架轧机速度。设定的速度可以用手动设定装置进行修正。

（3）微张力控制：在粗轧机组和中轧机组各轧机之间，采用轧件微张力控制保证连轧关系和轧件断面尺寸。通常，采用主传动电机电枢电流比较法进行微张力控制轧制，当轧件进入下一架轧机之前，轧机相当于无张力轧制（忽略后张力的影响）。控制系统检测和记忆此时的电枢电流，并在轧件进入下一架轧机之后，再测量控制轧机传动电机的电枢电流，与无张力时的电机电流值进行比较，其差值实际上反映了轧件拉力和推力对传动电机的作用。通过调节上游轧机主传动电机速度，直到电流差值达到允许范围为止。通常，轧件中的张力控制在 $5N/mm^2$ 以下。

（4）自动活套控制：为了保证产品尺寸精度，在中轧机组与预精轧机组之间、预精轧机组与精轧机组之间以及预精轧机各机架之间设有水平活套或垂直活套，通过控制活套高度来实现无张力轧制。每个活套处设一个活套高度检测器，用于检测实际的活套高度，并与活套高度设定值进行比较，当实际活套高度大于设定值时，上游（或下游）轧机全部降速（或升速）；当实际活套高度小于设定值时，上游各轧机升速（或减速），直到活套高度回到设定范围内为止。为了防止轧件甩尾产生事故，轧件尾部到达活套之前时，前架轧机加速，使活套高度降低。

（5）速度级控制：在轧制过程中，当控制系统（如微张力控制、活套控制、手动机架间控制等）发出某一架轧机调速信号时，为了保证全轧线连轧关系，调速机架前（或后）轧机也必须按原有的速度比例关系随调整速度的轧机一起升速或降速。速度级联控制就是根据系统发出的调速信号完成这种速度控制的，其按照级联流程方向逐架调整轧机速度。轧机速度控制有逆调和顺调之分，以某一轧机主电机速度为基准，调节上游各架轧机速度，这种控制为逆调；顺调则以某一架轧机速度为基准，调节下游各架轧机的速度。由于顺调时经常要改变精轧机组、夹送辊和吐丝机等高速运转的设备速度，这对速度控制不利，而以精轧机为基准的逆调可使高速设备基本上以比较恒定的速度运行，有利于吐丝速度控制，可形成均匀一致的线圈。因此，单线轧制时，通常采用逆调，对于双线或多线轧制，通常以中轧机最后一架轧机的速度为基准，粗、中轧机速度采用逆调，预精轧和精轧机速度采用顺调。

（6）手动机架间控制：根据生产实际情况，操作人员可进行手动速度修正，消除万一出现的堆、拉钢事故。

（7）低速运行：在试生产期间或排除故障时，各轧机可以以正常设定轧制速度10%的速度运行。

（8）点动爬行：各轧机可以单独手动操作，使轧机以电机基速的10%的"点动速度"向前或向后运行，以便于事故处理和设备检修。精轧机组一般只考虑反转点动。

（9）轧机启停控制：当轧线生产所需的冷却水系统、压缩空气系统、润滑和液压系统均已启动，并运转正常时，各架轧机可在主控台启动，即在无负荷状态下加速到设定速度。各轧机可单独启动和制动，也可成组启动和制动（按粗、中、预精轧和精轧成组）。

（10）粗、中轧机准确停车控制，为了便于轧辊更换操作，要求轧机每次停车后，轧机的传动万向接轴扁头停在垂直位置。为此，在万向接轴圆周上的给定点装设一个接近开关，每当轧机停车时，先由正常速度制动至以基速的10%（或更低）的速度运行，然后在接近开关控制下，轧机制动，使轧机的万向接轴扁头停在垂直位置。这样，更换轧辊时，由于新轧辊事先在轧辊间装配时已经使轧辊扁头处于垂直位置，新轧辊放置在换辊小车或机架上后，通过机架移动可使轧辊扁头正好套入接轴套筒内，从而缩短换辊时间。

（11）轧件跟踪和事故处理。通过布置在轧线上的热金属检测器、活套高度检测器以及轧机咬钢和抛钢时的电机负荷突变来检测轧件的头、尾位置。轧制中，如果按正常速度轧件头部在预定时间内没有到达预定地点，表明已出现卡钢事故，则立即发生事故报警信号。轧线上还设有一些检测事故的热金属检测器和开关。在控制系统发出事故报警信号后，事故区上游轧线上的事故卡断剪、飞剪和碎断剪等自动动作，进行事故处理。

（12）飞剪剪切控制。完成各种飞剪的自动切头、切尾和事故剪切控制以及各种参数的设定（包括剪切速度、速度超前量、切头和切尾长度等）。飞剪既可手动操作，也可自动控制，在自动过程中，操作人员可根据实际生产情况，随时进行手动操作。为了防止轧件弯曲，切头时剪刀与轧件接触后的剪切速度的水平分速度必须稍大于轧件速度；切尾时剪切速度比轧件速度低0～3%。为了保证剪切精度，启停式控制的飞剪必须有剪刀定位装置，使剪刀在每次剪切后自动回复到启动位置。

（13）其他控制。完成步进式加热炉、控制冷却线和盘卷处理线程序控制、辅助设备控制、润滑和液压系统连锁和顺序控制以及故障记录和报警等。还应适应优化控制和自诊断功能，以便使控制参数不断被修改，达到最佳化。

（14）生产报告。包括道次报告、班报告、事故延误报告等。

7.3　高速线材轧机自动化控制系统

某高速线材自动化控制系统主要包括：COROS人机接口计算机监控系统、SIMATIC S5-155U PLC系统、全数字交/直流传动调速系统。

7.3.1　SIMATIC S5-155U PLC

SIMATIC S5-155U PLC为德国西门子公司PLC系列产品之一。CPU选用较为先进的948，运算速度较快，适合大型钢厂自动化控制所需。

SIMATIC S5-155U可编程序控制器属于多处理器控制器，适用于中等及高性能的控制任务。它们为所有控制任务提供简单、经济的解决手段。标准化的硬件、模块化的设计和高性能的编程器有机结合，使得整个系统具备众多良好的性能，具体如下：

（1）简单的安装和方便的连接，用户使用非常容易。

（2）可使用不同电压等级的输入、输出模板，并且存储器具备内存模块化和扩展化功能，系统适应性较强。

（3）智能输出模板完成专业特定复杂任务，减轻中央处理器的负担，同时节约编程人员大量开发时间。

（4）同一框架最多可用4个中央处理器（CPU）。复杂的自动化任务可被分解为可管理的几个部分。每个处理器独立于其他处理器执行自己的程序，相互间可及时交换数据，从而有效提高了PLC整体处理速度。

（5）编程语言采用STEP7语言，包括控制系统流程图（CSF）、梯形图（LAD）语句表（STL）和更高的层次的GRAPH5，适合不同爱好、风格的编程人员随意使用。

7.3.2　COROS LS-B人机接口计算机操作监控系统

COROS人机接口监控操作系统主要包括3台计算机，其主要功能如下：

（1）能储存250个轧制程序，200个冷却程序。主控台操作员可根据所要轧的钢种和规格分别调用不同轧制程序和冷却程序，键入相应可变工艺参数如辊径等，就可立即投入使用。系统可自动检测操作员设定的数据及所编轧制程序的准确性。

（2）操作员可根据需要调用多组不同画面。如粗、中轧轧制画面、活套画面、小张力画面、主传动电机电流画面、水箱控制、飞剪画面、轧辊辊径、设定速度修改画面。3台计算机画面彼此可任意切换并且互为备用。

（3）故障报警信息显示和存储。方便操作人员及时掌握设备运行动态数据情况和最新的报警信息。

（4）交直流主副传动柜进线开关、润滑、液压站泵的启动与停止，均可通过画面自由控制，操作方便灵活。

7.3.3　ET200分布式输入、输出系统

为节约控制电缆费用，现代控制系统中普遍采用现场网络总线系统，在润忠高线也得到了同样的应用。不同区域内现场输入、输出信号分别就近连接到现场网络各个站点上，网络站点通过接口模块和通讯电缆直接同主控室内主PLC控制器相连，从而构成整个分布式控制系统。分布式控制系统可分为以下3个部分：

（1）SINEC L2-DP现场总线。每条网络线可最多连接64个节点，对不同传输速率规定最大的电缆允许长度。

（2）总线连接器。

（3）中继器，包括网络放大器、转换器等。

7.3.4　全数字直流传动调速控制装置

西门子公司6RA24系列SIMOREG K整流器为全数字式紧凑型整流器，输入侧为三相交流电源，可作为额定电流15～1200A的直流变速传动电机电枢和励磁电源。将SITOR可控硅单元并联在紧凑型整流器上，电枢回路额定电流可达3600A，励磁电流最大可达到30A。整流器可以分为单象限和四象限工作。

SIMOREG K整流器极为紧凑，标准化设计各组件易于拆卸、便于维修。框架可插基本电子板、附加工艺板和通讯板。该装置共有4个模拟量输入、5个模拟量输出、8个开关量输入和4个开关量输出信号。装置软件位于为插入式EPROM组件中，这样用户容易

更换或升级。而操作人员通过操作面板和不同的授权密码进行参数设置和系统调试。一旦系统或外围有故障，自动显示故障代码，便于维护人员快速处理。当然整流器也可以用电子板上的 RS232 接口与通用 PC 和相应的软件实现参数化。PC 接口在停车时用于启动、维护和检修，运行时 PC 接口用于数据的显示、故障的诊断。单象限整流器电枢电压由三相全控整流桥提供。四象限工作的整流器采用两组三相全控桥反并联无环流方案。

高线初中轧、预精轧直流主传动电机和副传动电机包括飞剪、夹送辊、吐丝机电机速度控制均采用 6RA24 SIMOREG K 系列，见表 7-1。

表 7-1 直流电机和 SIMOREG K 主要参数

轧机设备	直流马达功率			6RA24 装置参数		
	数　量	功率/kW	电流/A	型　号	并联 SITOR	额定电流/A
机架 1H 机架 2V	2	400	840	6RA2487-4GV60	1 套	1700
机架 3~8 机架 10V 机架 12V 机架 14V 机架 16V	10	600	1237	6RA2491-4GV60	1 套	2400
机架 9H 机架 11H 机架 13H 机架 15H	4	700	1428	6RA2491-4GV60	1 套	2400
1 号飞剪	1	290	745	6RA2487-4DV62	无	850
2 号飞剪	2	280	760	6RA2491-4DV62	无	1200
3 号飞剪	1	204	570	6RA2487-4DV62	无	850
2 号夹送辊	1	258	685	6RA2487-4DV62	无	850
吐丝机	1	406	1070	6RA2491-4DV62	无	1200

6RA24 系列基本功能是直流调速装置。用户可根据实际需要，插入相应的附加板，就可得到另外的控制功能。

在轧件头部跟踪控制中，为了准确地测出轧件的位置，一方面可以通过在线的热金属控测器检测位置；另一方面可通过机架电流的变化即无钢和咬钢电流变化。通过比较判断轧件头部在机架的位置，而这一功能可以通过插入 PT10 工艺板来实现。另外轧机停车时的万向轴定位功能也可通过编制定位软件通过工艺板来实现。启停式飞剪剪切过程中的启动、加速、减速、停止等复杂功能利用 PT 工艺板来实现则更能减少 PLC 程序工作量。

7.3.5 LCI SIMOVERT S 精轧机主传动

精轧机组由一台 6800kW 交流同步电机驱动，整个 SIMOVERT S 传动系统包括：

6800kW 同步马达、SIMADYN D 控制器、SIMOVERT S 整流逆变单元等，见图7-2。

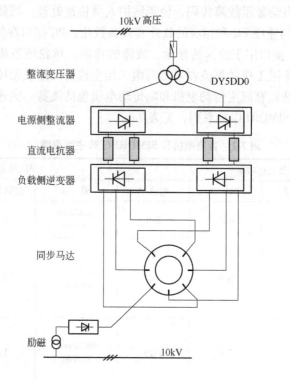

图 7-2　SIMOVERT S 构成系统图

SIM ADYN D 控制系统管理、SIMOVERT S 传动的所有功能包括：

（1）开环控制。

（2）闭环控制，通过不同的处理器和软件，完成相应的传动和逻辑顺序控制功能。

（3）监控整个传动系统，包括集中在系统内的所有辅助设备。系统可提供一个强有力的自诊断系统，包括任何操作命令，故障信息都可被显示。

6800kW 同步马达及其 SIMOVERT S 参数见表7-2。

表 7-2　精轧主电机技术参数

名　称	负　荷　情　况				
	100%	100%	115%	160%	160%
功率/kW	6800	6800	7820	10880	10880
电压/V	2×2150	2×3000	2×2150	2×2150	2×3000
电流/A	2×999	2×722	2×1149	2×1599	2×1149
频率/Hz	42.50	80	42.50	42.50	80
转速/r·min^{-1}	850	1600	850	850	1600
励磁电压/V	127	86	147	177	119
励磁电流/A	376	255	412	525	353

7.4 基础自动化系统组态图

高线电气设备基础自动化系统由 COROS 监控计算机、PLC、SINECH1、SINECL2、交直流传动控制设备等组成，见图 7-3。

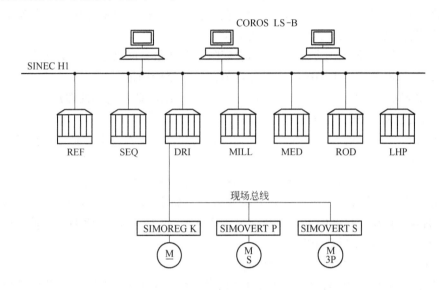

图 7-3 自动化系统组成图

7.4.1 主设定 PLC 框架

主设定 PLC 框架包括速度设定（REF）CPU 和坯料跟踪（TRK）CPU。

（1）速度设定 CPU（REF）的主要作用有：

1）对操作工调用的轧制程序、计算、校验、计算出各机架电机运行的设定数据；

2）控制轧机启动、停止、急停等操作监控功能；

3）手动、自动级联速度控制；

4）活套、飞剪、夹送辊等运行控制方式；

5）飞剪、夹送辊、吐丝机等副传动速度设定计算；

6）同 COROS 数据通讯、显示机架电流、速度等实际运行参数；

7）系统具备自学习功能，轧制过程中自动获取最佳速度设定、活套设定、小张力设定，应用于下根坯料，同时将操作员的设定融合到自动化系统中，这样有助于操作员对机架速度等参数快速设定。

（2）坯料跟踪（TRK）CPU 的主要功能为：

1）用于轧制坯料数据的传递，将炉前坯料数据，如炉号、钢种、坯料号、坯料重量等数据跟踪至线材成品称重，确保每根坯料数据的正确性。然后通过通讯方式，将每捆线材的数据送给标牌打印机，最后通过打标机将数据打印出来。

2）轧辊寿命管理，自动计算每个轧槽轧制吨数，同允许的轧槽的最大吨位比较，若超过，则发出报警信号。提醒操作工及时更换轧辊或辊环，防止轧辊过度磨损而导致线材表面质量受影响。

7.4.2 传动控制 PLC 框架

包括传动通讯（DRI）CPU、活套控制（DLC）CPU 和小张力控制（MTC）CPU 3 个部分。

（1）传动通讯（DRI）CPU 的功能有：

1）负责同交直流传动框数据通讯。将速度给定值、控制字命令传送给传动装置；同时将实际速度、电流、状态字反馈给传动 PLC。

2）将来自活套 CPU、小张力 CPU 的速度附加调节量，同来自主设定 PLC 的速度基准值相叠加，计算出最终的主副电机速度设定值，传输至传动柜。

3）传动 PLC 共有两条 SINEC L2 网络。分别同主副传动柜通讯处理器相连。

（2）活套控制（DLC）CPU 的功能有：

1）采集 1~7 号活套扫描器轧件套高信号，同预设轧制程序中的套高相比较，经线性化处理和 PID 运算，产生 ±5% 速度调节量，达到无张力轧制的要求。

2）根据各机架的速度关系，计算出上游机架的级联活套调节量。

3）随时监测活套设定套量同实际套量的偏差，如果偏差在一定时间内处于最小允许的偏差范围内，自动记忆此时上下游机架速度实际值，作为速度优化的参考值，同时将优化传输给 REF 自学习控制系统管理。

（3）小张力控制（MTC）CPU 的功能有：

1）负责粗中轧 1~10 号机架小张力控制，即通过坯料进入下游机架前负载电流同咬入下游机架后的负载电流变化，计算并调整机架的速度给定，实行微张力控制。

2）根据微张力轧制时，本着 1~10 号的最佳速度，进行速度优化。

7.4.3 顺序控制（SEQ）PLC

顺序控制（SEQ）PLC 的主要功能有：

（1）接收现场热金属控测器和活套扫描器的有钢信号，同时采集 1~10 号机架传动柜发出的咬钢和抛钢信号，实时跟踪轧件的头部和尾部的位置，同时利用已知的轧件实际速度理论计算轧件头部跟踪点位置。

（2）控制轧线活套起套辊的起套和落套动作。

（3）控制冷却水箱一次侧水阀的开启和关闭，吐丝机前夹送辊的开启与关闭。

（4）根据轧制程序预设的切头、切尾的长度，计算控制飞剪的剪切动作及事故碎断。

（5）利用理论计算的轧件头部跟踪点位置与实际检测的结果进行比较，作为轧制过程中堆钢的自动检测。

（6）实现无钢时的模拟轧制试验，对现场诸如飞剪、起套辊、热检、夹送辊、冷却水控制阀等设备进行动作检测。

7.4.4 轧线（MILL）PLC

轧线（MILL）PLC 的主要功能有：

（1）主要用于水平机架、立式机架轧机辅助设备的操作、连锁与控制。

（2）水平机架的横移，立式机架的提升，机架压下，压下量的显示，接轴托架与机架的夹紧和松开。

（3）轧辊冷却水控制，精轧机机架间冷却控制。

（4）轧机运行的准备条件与连锁。

（5）辅助设备如高压除鳞水、拉钢机的控制。

（6）预精轧、精轧机油膜轴承温度测量监控。

7.4.5 液压润滑（MED）系统工程 PLC

高速线材车间液压润滑设备较多，在控制上采用分布式控制方式，即由 PLC 系统下挂两条 SINEC L2 现场总线，各液压润滑站都有现场 I/O-ET200，通过网络电缆将各站点连成一片，呈均匀分布式的控制系统。轧线主控制台的操作工可以通过 COROS 监视器监视和控制站点的工作。

7.4.6 吐丝机（PGD）控制 PLC

高线精轧后吐丝机和吐丝机前的夹送辊为高速设备，为保证所控设备具有快速的响应和控制精度，采用专用 PLC 对其控制，其主要功能有：

（1）吐丝机电机，夹送辊电机的速度控制。

（2）夹送辊闭合后，线材的张力控制，夹送辊辊子打滑预警装置。

（3）控制线材头部进入吐丝机旋转位置。确保线材以合适的角度吐落在斯泰尔摩运输辊上，防止头部嵌入辊道或与旁板相绊。

（4）对于规格大、轧制速度慢的线材，控制夹送辊速度，如尾部增速功能。

7.5 高速线材性能预报系统介绍

中国的线材生产随中国经济的快速发展而跳跃发展，产量不断增加。据不完全统计，我国目前有引进和国产高速线材生产线 100 多条，市场已趋于饱和，尤其低档（普通建筑材）产品已供大于求，企业迫切需要开发高附加值产品。高线厂主要产品之一为钢绞线的生产原料 82B，需要进一步改进其产品质量。北京科技大学的余万华老师开展了高速线材性能预报系统研发方面的工作。我国自主研发的具有独立知识产权的在线高速线材性能预报系统已经在国内一些生产线，如重钢、沙钢和新钢高速线材厂正式运行，该在线系统与厂方的物流管理系统、PLC 可实现自动通信，并对阀门与风机实施在线控制。此高速线材控冷段在线性能预报系统为国际首创。

7.5.1 高速线材在线性能系统（SCCS）构成

该系统由 3 部分组成：生产现场监控物理数据采集部分、服务器 Server 收集储存部分和用户数据查询编辑部分。具体的网络结构如图 7-4 所示。

在斯泰尔摩线放置数台在线温度测温仪。

生产现场由在线测温仪采集温度数据，在线风速仪的风量数据、轧制速度、辊道速度通过西门子 PLC 传递给服务器。

在线模型通过 OPC 协议与西门子 PLC 通信，对采集数据进行储存、计算。在线模型

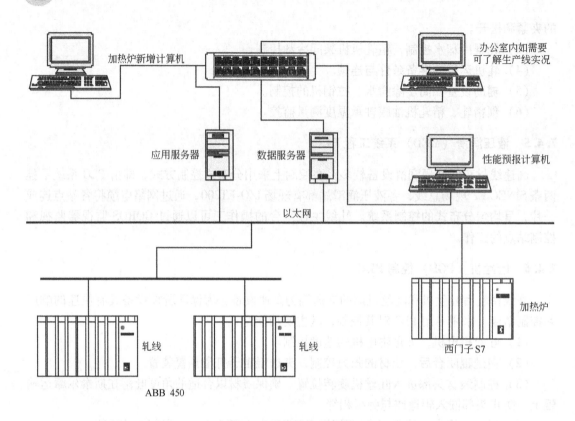

图 7-4 系统结构示意图

分为两种：一种是物理计算模型，一种是神经元模型。在开始没有数据训练神经元的情况下可以用物理模型来代替，可实现工艺最佳优化。

用户可以通过局域网来访问服务器，对生产数据进行查询和编辑。

7.5.2 在线模型功能

在线模型的功能主要有：

（1）数字化管理。在线模型投入使用后，所有的工艺操作都在模型的监控之下，工人的操作都将规范化，管理人员可以直接从数据库中了解当天的生产情况。当出现质量异议时，可以直接查询当时的生产状况。

（2）在线监控。在线模型会对生产的过程参数进行适时分析跟踪，当工艺不符合要求时模型会适时报警。模型可以直观显示各段的冷却速度，通过及时调整，可以减少废品的生成，提高成材率。

（3）对生产新产品有指导作用。在线模型对新产品的开发具有指导作用。新产品的试制过程会耗费大量的人力和物力，由于模型中可以输入钢种的 CCT 图，对相变过程可以清楚地显示，所以该在线模型对新产品的开发有直接的指导作用。

（4）数据库管理。针对在线模型还开发了相关数据库技术。用户可以输入字段进行查询，将查询结果保存为常见的 EXCEL 文件格式。开发了常用数据库自动维护工具，实现数据库轻松维护。

（5）物理模型和神经元模型结合。在线模型分为物理模型和神经元模型，物理模型不需要样本训练，可以直接根据采集数据，如风量、温度、工艺参数以及材料参数等进行准确预报。并且如果预测值和实测值有偏差，自学习计算机将自动修正各段的热交换系数，并将修正的热交换系数传到相应的参数表中。模型需输入初始条件、线径、室温、轧速、出精轧机温度及湿度等。

神经元模块是通过记录与实际生产中与性能预报相关的主要参数，如规格、钢种、主要化学成分、相变前的冷速以及实际检测值，计算机会根据神经元的方法预测实际生产条件下的抗拉强度和面缩率的值。

整个性能预报系统分为监控版和工程师版，两个版本的功能和职能有差异并安装在不同的位置。监控版在服务器上，负责生产监控及产品的化学成分和钢序号的录入，原则上这个版本应该始终保持运行状况；工程师版安装在联入网络的个人计算机上，其功能主要是供负责工艺的工程师负责录入和修改生产工艺参数，分析生产记录，该模型可以随意关停。

7.5.3 在线模型特点

在线模型的主要特点有：

（1）数据实时采集与传输，数据储存和分析。

（2）可以输入材料的实测 CCT 数据，可以根据 CCT 的数据判断线材在实际生产中组织相变温度和相变区间。

（3）物理模型＋神经元模型结合，可以指导新产品开发。

（4）快速的在线自学习功能，由于实际生产的复杂性，模型的预测值与实测值不可避免存在偏差，系统可以根据偏差快速修正模型内相应的参数，逐渐趋近实测结果。

（5）在线模型软件界面友好，操作简单。

（6）在线实时监控，温度、风速异常预警。

（7）提供数据库简易维护工具。

（8）可以远程访问。

复习思考题

7-1 简述高速线材生产的基本流程。

7-2 在高速线材生产时哪些因素需要实现自动控制？

7-3 简述高速线材自动控制系统的基本特点。

7-4 简述在线高速线材性能预报系统的基本功能和特点。

7-5 如何实现高速线材生产时活套自动控制？

8 板带钢厚度自动控制

本章要点 厚度是板带产品最主要的质量指标。板带轧件出口厚度波动主要受来料尺寸、温度、接触面摩擦和张力变化的影响。单机可逆轧制中板厚受轧辊辊缝调节控制，连轧厚度可由辊缝或张力这两个变量来调节，它们既有调节数量大小的不同，也有调节快慢的问题。

本章除讨论分析板带钢厚度波动的原因及厚度的变化规律外，着重论述了厚度自动控制的基本形式及其控制原理，以及热连轧和冷连轧的厚度自动控制系统。

8.1 板带钢厚度的变化规律

8.1.1 板带钢厚度波动的原因

厚度波动的原因概括起来有如下几方面：

（1）来料厚度变化的影响。主要通过轧制力变化影响辊缝，导致出口厚度变化。图8-1表示热连轧（微张力）条件下，入口坯料厚度波动对各道出口板厚的影响。

由图8-1可以看出，原料厚度波动对初始道次影响较大，越到后面影响越小，但这种影响始终存在，故当代高精度轧制的思想是从粗轧到精轧尽可能保证厚度符合设计要求。如热带粗轧选择两架以上粗轧机，一架可逆大压下，另一架可逆规整厚度与凸度。但冷轧时由于加工硬化，对产品厚度的影响主要在前两道次。

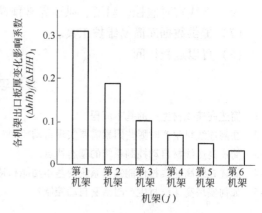

图 8-1 热轧入口原料厚度波动对各架出口板厚的影响

（2）轧件温度变化的影响。主要是通过对金属变形抗力和摩擦系数的影响而引起厚度差。这种抗力波动与厚差影响关系到每一架轧机，因而是影响出口厚差的主要干扰源。

（3）张力变化的影响。张力是通过影响应力状态以改变金属变形抗力、轧制力，从而引起轧机弹跳及轧件厚度发生变化。这种影响在小幅度情况下极其敏感，因而常作为微调厚度的手段。较大张力的使用使带钢中段与头尾无张力轧制段的厚度偏差很大，因此热连轧一般采用 3~5MPa 微张力轧制，可以减少头尾尺寸的增大。但有时为快速吸收动态速降的活套或为减少跑偏，一些热带厂常常设定较大的速差，导致稳定轧制后出现高达十多兆帕的应力。咬入瞬间的动态速降和摩擦条件的变化会造成张力波动。

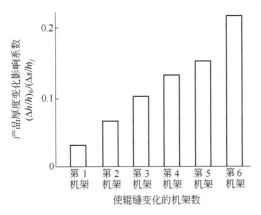

图 8-2 变辊缝对产品厚度的影响程度

（4）轧辊转速变化的影响。它主要是通过轧件速度差的改变影响张力和变形抗力，同时摩擦系数、轴承油膜厚度也会影响轧件出口厚度。

（5）辊缝变化的影响。因轧机轧辊的受力弯曲、弯辊、压扁、热膨胀、轧辊的磨损和轧辊偏心等会使辊缝发生变化，直接影响实际轧出厚度变化。辊缝变化影响轧件进出口速度，故引起张力变化。图 8-2 为热连轧时各机架辊缝变化对产品的影响。一般特点是越接近成品，变辊缝影响越大。

8.1.2 轧制过程中厚度变化的基本规律

轧件出口厚度大部分取决于过钢时的实际辊缝大小。弹跳方程指出了影响出口厚度的因素。如轧制压力、原始辊缝和轧机加载时刻的刚度系数。带钢的实际轧出厚度 h 和预调辊缝值 S_0、轧机刚度 K_m 和轧机弹跳值 ΔS 之间的关系可用弹跳方程描述：

$$h = S_0 + \Delta S = S_0 + \frac{P}{K_m} \tag{8-1}$$

由它所绘成的曲线称为轧机理想弹性曲线，如图 8-3 曲线 A 所示。其斜率 K_m 称为轧机刚度，它表征使轧机产生单位弹跳量所需的轧制压力。曲线 B 为轧件塑性刚度，它与材料成分、变形抗力、变形速度有关，特别还与轧件宽度有关，所以塑性刚度值差别很大。由图可见，原始辊缝位置、轧机刚度斜率、塑性曲线起点和形状改变，轧件出口厚度都会改变。

（1）金属塑性曲线的建立。轧制时的轧制压力 P 作为其他因素影响结果，是所轧带钢的宽度、来料入口与出口厚度 H 与 h、摩擦系数 f、轧辊半径 R、温度 t、前后张力 σ_h 和 σ_H 以及变形抗力 σ_s 等的函数。

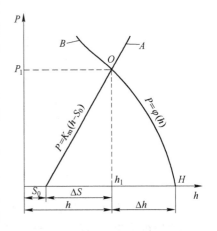

图 8-3 弹塑性曲线叠加的 P-h 图

$$P = F(B, R, H, h, f, t, \sigma_h, \sigma_H, \sigma_s) \tag{8-2}$$

在式（8-2）轧制压力方程中，当 B、R、f、t、σ_h、σ_H、σ_s 及 H 等均为一定时，P 将只随轧出厚度 h 而改变，这样便可以在图 8-3 的 P-h 图上绘出曲线 B，称为金属的塑性曲线，其斜率 M 称为轧件的塑性刚度，它表征使轧件产生单位压下量所需的轧制压力。

在计算机控制的条件下，可以根据已知的 H、h、B、R、t、v 和材质等测量出一个轧制压力 P，然后再假定在其他条件不变的情况下，增加 $0.1\,\mathrm{mm}$ 的压下量（冷轧）（即改变 h），又可测量出一个轧制压力 P'，则 M 便可按式（8-3）确定。

$$M = \frac{P - P'}{\Delta h'} \tag{8-3}$$

M 变化范围很大，它与轧件宽度有密切关系，热轧时 M 变化范围是 $3000\sim20000\,\mathrm{kN/mm}$。

（2）实际轧出厚度随辊缝变化的规律。图 8-4 显示弹塑曲线图上调整辊缝后，出口轧件厚度的变化。如果出现负辊缝，轧机刚度线过零点取负值，即当采取预压紧轧制时，也就相当于辊缝为负值（$-S_0$），这样就能使带钢轧得更薄，此时实际轧出厚度变为 h_3，$h_3 < h_2$，其压下量为 Δh_3。

连轧机辊缝调整与单机架还不同，图 8-5 所示为冷连轧第 1 架辊缝减少后各机架出口板厚变化。

（3）实际轧出厚度随轧机刚度而变化的规律。轧机的刚度 K_m（不单指立柱刚度）随轧制速度、轧制压力、带钢宽度、轧辊的材质和凸度、工作辊与支撑辊接触部分的状

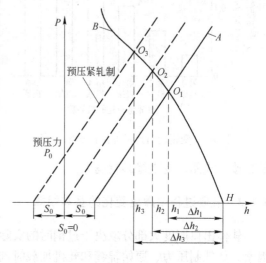

图 8-4　辊缝调整的 P-h 图

况而变化，所以不同轧机的刚度系数是不同的，而且是每次换辊略有变化的数值。

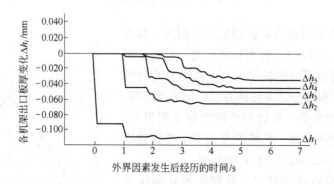

图 8-5　冷连轧第 1 架辊缝减少后各机架出口板厚变化

当轧机的刚度系数 K_m 增加，则实际轧出厚度有 h_1 减小。可见，提高轧机的刚度有利于轧出更薄的带钢。目前板带钢轧机的自然刚度通常约为 $3000\sim14000\,\mathrm{kN/mm}$。

在实际的轧制过程中，由于轧辊的凸度大小不同，轧辊轴承的性质以及润滑油的性质不同，轧辊圆周速度发生变化，也会引起刚度系数发生变化，就使用油膜轴承的轧机而言，当轧辊圆周速度增加时，油膜厚度会增厚，油膜刚性也增大。

（4）实际轧出厚度随轧制压力而变化的规律。如前所述，所有影响轧制压力的因素都会影响金属塑性曲线 B 的相对位置和斜率，如材料变形抗力，孔型系统。因此，即使在轧

机弹跳曲线 A 的位置和斜率不变的情况下，所有影响轧制压力的因素都可以通过改变 A 和 B 两曲线的交点位置而影响着带钢的实际轧出厚度。

实际轧制过程中，在辊缝不变的前提下，很难得到厚度一致的板材，总有干扰因素存在，而且各种因素对带钢实际轧出厚度的影响不是孤立的，而往往是同时对轧出厚度产生作用。所以，在厚度自动控制系统中需要考虑各因素的综合影响。图 8-6 是利用辊缝控制机架间张力以及利用辊速控制板厚的控制系统示意图。

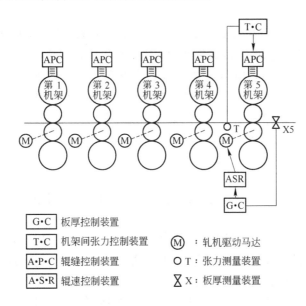

图 8-6　利用辊缝控制机架间张力及利用辊速控制板厚的控制系统示意图

变规格轧制是在线主动辊缝调整的系列控制过程。以往在冷连轧无头轧制时使用，现代热轧超薄带时为减少薄带穿带困难，也采用变规格轧制。其压下调整从前架开始，逐渐向后。原则是确保后续轧机张力不变且过渡段长度尽可能短。

8.2　厚度自动控制的基本形式及其控制原理

厚度自动控制是通过测厚仪或传感器（如辊缝仪和压头等）对带坯或带钢实际厚度连续地进行测量，并根据实测值与给定值相比较的偏差，借助于控制回路和装置或计算机的功能程序，改变压下位置或轧制速度，把厚度控制在允许偏差范围内的方法。实现厚度自动控制的系统称为"Auto Gauge Control"。

压下或轧辊转速的改变要经过一系列过程才能逐渐使轧件厚度和速度发生改变，这些过渡过程的分析需要建立各调节环节的传递模型。一个厚度自动控制系统应由下列几个部分组成：

（1）厚度的直接检测或间接检测。厚度控制系统能否精确地进行控制，首先取决于厚度或厚度偏差的来源。对热连轧来说测厚仪是直接得到出口厚度，它可以是 X 射线或 γ 射线的非接触式测厚仪，而冷连轧除采用 β 射线非接触测厚之外，在较低速度情况下还可以采用滚轮式接触测厚仪。其传递函数由转换系数和惯性环节或延迟环节 $\left(\dfrac{k}{s+\tau}\ \text{或}\ ke^{-\tau s}\right)$ 组成。测厚仪距离轧机越远，监测信号也就越迟钝，惯性调节系数 τ 就越大。利用实测轧制力和弹跳方程可以间接得到出口轧件厚度，这时滞后很少，但精度有时受到影响。

（2）压下有效系数计算。调整一定的轧件出口厚度，需要计算相应的辊缝调整量。δh 与 δS 之间的比值 $C = \delta h / \delta S$ 称为"压下有效系数"或"压下效率"，它表示压下螺丝位置的改变量究竟有多大的一部分能反映到轧出厚度的变化上。当轧机刚度较小或轧件的塑性刚度较大时，$\delta h / \delta S$ 比值很小，压下效果甚微，换句话说，虽然压下螺丝往下移动了不少，但实际轧出厚度却往往未见减薄多少。因而增大 $\delta h / \delta S$ 的比值对于实现快速厚度自动控制就有极其重大的意义。

（3）压下执行机构。根据输出的控制信号通过压下电动机或液压装置调整压下位置，或通过主电动机改变轧制速度，调节带钢的张力，可以实现厚度的控制。显然这些装置机构的惯性完全不同，液压装置响应比电动压下快得多，轧机转速调整因为综合转动惯量大，调整起来时间常数很大。它们的阻尼与现场设备结构及保养水平有关。

由于能够计算出过钢弹跳量大小，所以辊缝调节可以按辊缝调节量 δS 与厚度控制差 δh 之间所成的一定比例关系进行相反方向的预调（按压下有效系数 C 来决定），这相当于轧机刚度 K_m 可以变化，也就是刚度比值 $C \propto \dfrac{M}{K_m}$ 可以改变。通常在比例调节器中是用一个电位器进行调节，实质也就是调节它的比例度。当轧制不同尺寸和不同材质的轧件时，可以调节这一比例度。

（4）控制方式。根据轧制过程中对厚度的控制方法不同，一般可分为：监控式、厚度计式、张力式、速度式等厚度自动控制系统。按控制方式不同可分为：反馈式、前馈式、复合式。

此外，依据控制目标，可分为以出口厚度设定值为目标（绝对 AGC）控制方式和以头部实际厚度为目标的相对 AGC 控制方式。前者对板厚较为精确一致的来料较为适应。但如果头部厚度与目标差得多时，需要调整的量就很大，出现板带纵向的楔形厚差，反而不利于带钢质量。后者不论头部是否符合目标，都以此为标准，整板厚度波动小，带卷可用性好。现场先用相对 AGC，轧完一卷再修正辊缝，几卷之后再采用绝对 AGC 控制方式，即在整卷板厚波动小的前提下逐渐接近目标尺寸。

8.2.1 用测厚仪的反馈式厚度自动控制系统

图 8-7 是测厚仪反馈式厚度控制系统的实物框图。带钢从轧机中轧出之后，通过轧机后面测厚仪测出实际轧出厚度 $h_实$ 并与给定厚度值 $h_给$ 相比较，得到厚度偏差 $\delta h = h_实 - h_给$，当二者数值相等时，厚度差运算器的输出为零，即 $\delta h = 0$。否则出现厚度偏差 δh，这时便将它反馈给厚度自动控制装置，变换为辊缝调节量的控制信号，输出给压下电动机带动压下螺丝作相应的调节，以消除此厚度偏差。

为了消除已知的厚度偏差 δh，所必需的辊缝调节量是 δS。为此，必须找出 δh 与

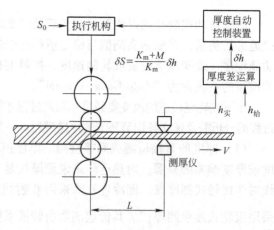

$$\delta S = \frac{K_m + M}{K_m} \delta h$$

图 8-7 反馈式厚度自动控制系统

δS 关系的数学模型。根据图 8-8 所示的几何关系，可以得到：

$$\delta h = fg = fi/M$$

$$\delta S = eg = ef + fg = \frac{fi}{K_m} + \frac{fi}{M} = fi\left(\frac{M + K_m}{K_m M}\right) = \delta P \frac{M + K_m}{K_m M} \tag{8-4}$$

故

$$\delta h/\delta S = \frac{fi}{M}\Big/fi\left(\frac{M + K_m}{K_m M}\right) = \frac{K_m}{K_m + M}$$

即

$$\delta h = \frac{K_m}{K_m + M}\delta S \tag{8-5}$$

或

$$\delta S = \frac{M + K_m}{K_m}\delta h = \left(1 + \frac{M}{K_m}\right)\delta h \tag{8-6}$$

从式（8-4）可知，为了消除带钢的厚度偏差 δh，则必须将压下螺丝使辊缝移动 $\left(1 + \dfrac{M}{K_m}\right)\delta h$ 的距离。也就是说，要移动比厚度差 δh 还要大 $\dfrac{M}{K_m}$ 倍的距离。因此，只有当 K_m 越大，而 M 愈小，才能使得 δS 与 δh 之间的差别愈小。当 K_m 和 M 为一定值时，即 $\left(1 + \dfrac{M}{K_m}\right)$ 为常数，则 δS 值与 δh 便成正比关系。只要检测到厚度偏差 δh，便可以计算出为消除此厚度偏差应作出的辊缝调节量 δS，如图 8-8 所示。

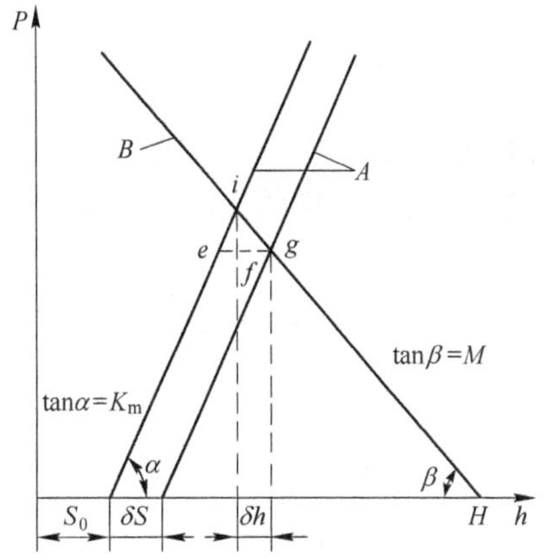

轧机弹性曲线是静态模型，变化初期的动态还得考虑所有相关设备。

图 8-8　反馈调整的 P-h 图

反馈式厚度自动控制系统的传递函数框图见图 8-9。

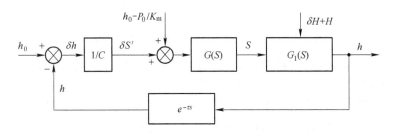

图 8-9　测厚仪反馈控制方框图

h_0—出口厚度给定值；h—实测厚度值；δh—厚度偏差；$G(S)$—液压缸位置
自动调节传递函数（APC）；S—工作辊缝；H—来料厚度；
δH—来料厚度波动干扰；$G_1(S)$—轧机轧制环节

检测点滞后量 τ 表示为：

$$\tau = \frac{L}{v} \qquad\qquad (8\text{-}7)$$

式中 τ —— 滞后时间，即为图 8-7 的延时时间；

  v —— 轧制速度；

  L —— 轧辊中心线到测厚仪的距离。

图 8-9 各环节传递函数可根据具体条件分别确定，$G_1(S)$ 可由 $P\text{-}h$ 图导出。

上述控制系统没有考虑装置动作的滞后。而且由于检测时间滞后，这种按比值进行厚度控制的系统有一定局限性。另外，电动压下和计算也有滞后时间，所以控制不是及时的，对任何突发性干扰，反而出现负调节效果。但只要测厚计误差较小，对来料阶段性波动和仪器漂移能够最终加以消除，使出口厚度控制在一定范围内。

8.2.2 厚度计式厚度自动控制系统（压力 AGC）

在轧制过程中，任何时刻的轧制压力 P 和空载辊缝 S_0 都可以检测到，因此，可用弹跳方程 $h = S_0 + \dfrac{P}{K_m}$ 计算出任何时刻的轧出厚度 h。这就等于把整个机架作为测量厚度的"厚度计"，这种间接检测厚度的方法称为压力厚度计方法（简称 P-AGC），以区别于前述用测厚仪检测厚度的方法。图 8-10 为压力厚度计闭环控制系统框图。

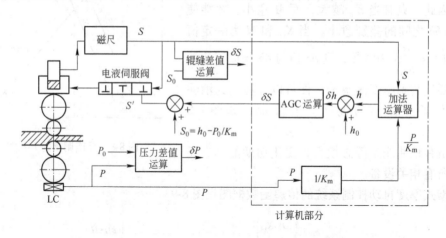

图 8-10 压力厚度计式的厚度自动控制闭环系统

图 8-10 中辊缝值由磁尺辊缝仪检测，辊缝信号送到加法运算器和 APC 电液阀位置闭环自动控制系统。轧制前，按 S_0 调整辊缝，磁尺实测辊缝 S，完成液压缸位置闭环控制。轧制压力由压头 LC 检测，经计算得到弹跳值（P/K_m）。然后再将实际辊缝与弹跳值相加便预报出轧出厚度 h，将其与设定出口厚度 h_0 比较，得到厚度偏差 δh。再经 AGC 压下系数运算 $\left(\dfrac{M + K_m}{K_m}\right)$ 得到消除厚差 δh 所需的辊缝调节量 δS，通过加法器将调整量并入原始辊缝形成 S' 来消除此时的厚度偏差 δh，最终使 δh 为零。显然，这里不再有检测位置延时 τ。

为了消除厚度偏差 δh，所必需的辊缝移动量 δS 仍按公式（8-5）来确定。按此种方法测得的厚差进行本架厚度自动控制可以克服出口辊道的传递时间滞后，但是对于压下机构的电气和机械系统以及计算机控制时程序运行等时间滞后仍然不能消除，所以这种控制方式从本质上讲仍然是反馈式的。

图 8-11 为压力厚度计控制系统传递函数结构框图。

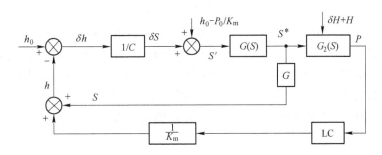

图 8-11　压力计式的厚度自动控制系统结构框图

对图 8-9 与图 8-11 的框图（液压压下 $G(S)$ 传递函数相同）进行同样来料温降（3℃/s）、抗力上升的仿真，结果表明它们都有随时间越来越大的微量厚度增加（0.03μm/s）。测厚仪自控系统还有出口厚度初期的几次震荡。对于来料厚度施加 1mm 正弦波动时，出口厚度也有微量正弦发散波动，但压力测厚计系统调整比测厚仪好得多。

由于轧制力 P_0 和辊缝 S_0 都是由各种给定轧制条件计算而来，实际条件总是有些变化，故合成的出口厚度 h 远不如图 8-7 的直接测厚仪厚度来的可靠。

厚度计式控制系统有多种改进算法，简单介绍如下：

（1）BISRA AGC。英国钢铁协会很早提出一种叫做 BISRA 增量算法。BISRA AGC 基于轧机线性弹跳方程的增量形式为：

$$\delta h = \delta S + \delta P / K_{\mathrm{m}} \tag{8-8}$$

在图 8-11 中，给定压力 P_0 与实测压力 P 相减得到压力差值 δP，若将此 δP 与轧机刚度相除，得到弹跳增量。给定辊缝 S_0 与实测辊缝 S 相减可以得到设定辊缝偏差 δS，两者相加得到厚度增量偏差 δh，并由此 δh 得到辊缝调整量 $\delta S'$。由式（8-8）可见，只要实现辊缝的负增量 $\delta S = -\delta P / K_{\mathrm{m}}$，就保证了出口板厚增量 $\delta h = 0$。所以，B-AGC 将 $-\delta P / K_{\mathrm{m}}$ 作为位置控制系统的补偿值，就可使厚度偏差 δh 趋于零。其系统结构如图 8-12 所示，B-AGC控制算法表达式如下：

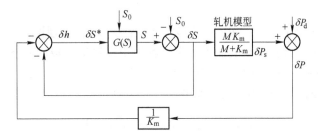

图 8-12　BISRA AGC 系统原理

$$\delta S_n = S - S_0 \tag{8-9}$$

$$\delta P_n = P_n - P_0 \tag{8-10}$$

$$\delta S_{n+1} = - \delta P_n / K_m \tag{8-11}$$

实际轧制是用弹跳偏差 $\delta P_n / K_m$ 反馈回输入端，它与辊缝偏差相加，生成厚度偏差 δh，送到压下装置进行辊缝调节。空载辊缝 S 与设定辊缝 S_0 相比较，得到辊缝偏差量 δS。这一辊缝偏差交给轧机（另有 P_0）得到轧制力增量 δP_s，它与原来的轧制力增量 δP_d 组成轧制力总增量，即分别由位置调节量和外扰量引起的轧制力增量。

对 B-AGC 的框图结果进行简化分析，以锁定值为基准，利用式（8-4）经推导，当 t 趋于无穷大时，则辊缝调整量成为：

$$\delta S_{n+1} = \frac{\delta P_{dn}}{K_m} \times \frac{M + K_m}{K_m} \tag{8-12}$$

B-AGC 首创应用轧机弹跳方程控制轧件厚度，以后开发的其他压力 AGC 均在此基础上发展而来。这种最简单的压力 AGC 存在的不足是未考虑轧机压下效率补偿问题（δS 小），系统动态响应特性不理想。

（2）GM-AGC。GM-AGC 也是厚度计型 AGC 的一种，在 B-AGC 基础上增加了轧机效率补偿环节，提高了系统动态响应特性。GM-AGC 系统如图 8-13 所示。

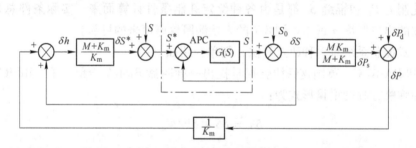

图 8-13　GM-AGC 系统原理

GM-AGC 控制算法表达式如下：

$$\delta h_n = \delta S_n + \delta P_n / K_m \tag{8-13}$$

$$\delta S_{n+1} = \delta S_n - \frac{M + K_m}{K_m} \delta h_n \tag{8-14}$$

（3）Dynamic set AGC。北京钢研总院轧钢学者张进之依据理论推导开发了动态设定型 AGC，其基本控制思想是：先从轧制力增量中减掉辊缝调节造成的轧制力增量，然后再计算辊缝调节量。Dynamic set AGC 系统如图 8-14 所示。

Dynamic set AGC 控制算法表达式如下：

$$\delta P_{dn} = \delta P_n + M K_m \delta S_n / (M + K_m) \tag{8-15}$$

$$\delta S_{n+1} = - (M + K_m) \delta P_{dn} / K_m^2 \tag{8-16}$$

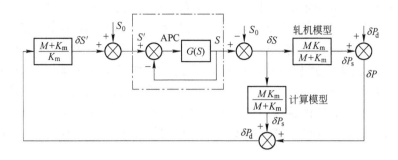

图 8-14 动态设定型 AGC 系统原理

（4）Absolute AGC。图 8-10 或图 8-11 在形成出口厚度后，是与固定的目标厚度相比较，使整卷带长接近目标厚度，因而也称它是绝对值控制系统。另一种压力 AGC 系统如图 8-15 所示。

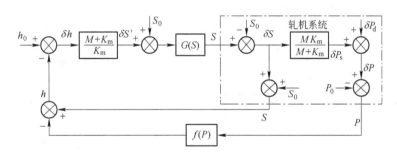

图 8-15 绝对值 AGC 系统原理

绝对值 AGC 控制算法表达式如下：

$$\delta h_n = \delta S_n + f(\delta P_n) \tag{8-17}$$

$$\delta S_{n+1} = \delta S_n - \frac{K_m + M}{K_m} \delta h_n \tag{8-18}$$

上述方法的缺点是，如果来料厚差较大，带钢头部会形成一段楔形过渡段。如果取本卷带钢头部几米处的厚度作为比较目标，绝对值 AGC 就变成相对 AGC，这种控制方式保证带卷整卷一致，但不一定是目标厚度。而 Absolute AGC 在使用中往往造成初始带卷厚度的头部与中间不同，故实际生产可以先用相对 AGC，每轧完一卷作一次辊缝修正。轧出几卷以后再转绝对值 AGC。

8.2.3　前馈式厚度自动控制系统

不论用测厚仪还是用"厚度计"测厚的反馈式厚度自动控制系统，都避免不了控制过程的传递滞后或过渡过程滞后，因而限制了控制精度的进一步提高。特别是当来料厚度波动较大时，更会影响带钢的实际轧出厚度的精度。为了克服此缺点，在现代化的连轧机上还都广泛采用前馈式厚度自动控制系统，简称前馈 AGC（Front Feed AGC）。

前馈式 AGC 是预先测定出来料厚度偏差 δH，再送到轧机（即 F_i 架），在预定时间内提前调整压下机构，以便保证获得所规定的轧出厚度 h，如图 8-16 所示。正由于它是从前面得到信号，来实现厚度自动控制，所以称为来料前馈 AGC，或称为预控 AGC。

它的控制原理是用测厚仪在带钢未进入本机架之前测量出或计算出其入口厚度 H_i，并与给定来料厚度 H_0 相比较，当有厚度偏差 δH 时，便预先估计出可能产生的轧出厚度 δh，从而确定为消除 δh 值所需的辊缝调节量 δS，然后根据该检测点进入本机架的时间和移动 δS 所需的时间，提前对本机架进行厚度控制，使得厚度的控制点正好就是前面 δH 的检测点。

厚度参数 δH、δh 与 δS 之间的数量关系可以根据如图 8-17 所示的 P-h 图来确定，$\Delta S = \dfrac{M}{K_m}\delta H$。当 K_m 愈大和 M 愈小时，消除相同的来料厚度差 δH 压下螺丝所需移动的 δS 也就愈小，因此，刚度系数 K_m 比较大的轧机有利于消除来料厚度差。

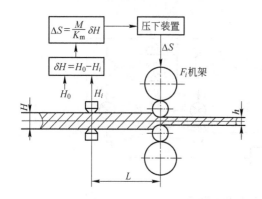

图 8-16   前馈式的厚度自动控制系统示意图   图 8-17   前馈调整的 P-h 图

图 8-18 为前馈系统（FF-AGC）控制结构图。图中 t_1 为带钢移送延迟时间与压下控制系统动作时间之和，$\dfrac{M}{K_m}$ 为影响系数，$\dfrac{K_2}{1+T_mS}$ 为压下装置调节系统的传递函数，$\dfrac{1}{S}$ 为轧件变形过程传递函数，$\dfrac{K_m}{M+K_m}$ 为塑性刚度比值。图 8-18 表示，来料偏差 δH 经预调整产生的厚度减小 δh 与 δH 在轧机中引起的厚差 δh_d 如能抵消，出口偏差 $\Delta = \delta h_d - \delta h$ 变为零。

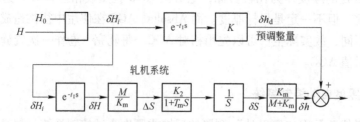

图 8-18   前馈式的厚度自动控制动态结构图

测厚仪前馈方式在实际使用时有一定难度，一方面是检测精轧机入口厚度难度比较大，因为中间坯厚度范围较大，只能用 γ 射线测厚仪，这种仪器不便于维修，而且测厚仪对轧件内部的抗力变化也无能为力，只能测量尺寸波动，对温度没有反应。故生产中用"厚度计"方法预报出口厚度，它是用不设置任何反馈控制的前一机架实测压力作为"厚度计"，预报下一架入口厚度，这样不仅顾及来料尺寸波动，还对坯料硬度高低有反应，这对后面辊缝预调整非常有好处，显著提高出口厚度的控制精度，称为PFF-AGC。

在压力厚度计前馈厚度控制当中，如果反算出一个硬度系数，对下游所有轧机都加以修正，抗力变化和来料厚度变化的影响更加敏感，这时修正效果更好，这种方式称为KFF-AGC硬度前馈。

实际上，轧机对来料厚度偏差 δH 有一定的自动纠正能力。以某五机架热连轧机的轧制情况为例，厚度为16.0mm的带坯轧成厚度为1.90mm的带钢，在其他条件未变化的情况下，当带坯原始厚度增加10%时（带坯原始厚度差为1.6mm），经过5个机架轧制之后，其厚度偏差减至 $20 \sim 35 \mu m$。这是因为带钢在头几个机架中的温度比较高，带钢的塑性刚度 M 较小，所以其纠正厚度偏差的能力也就较大。

8.2.4 张力式厚度自动控制系统

张力的变化可以显著改变轧制压力，从而能改变轧出厚度。改变张力与改变压下位置控制厚度相比，前者反应快并易于稳定。尤其在成品机架，由于轧件的塑性刚度 M 很大，靠调节辊缝进行厚度控制效果往往很差，为了进一步提高成品带钢的精度常采用张力AGC进行厚度微调。

成品架张力AGC就是根据精轧机组出口侧X射线测厚仪测出的厚度偏差来微调机架之间带钢上的张力，最终消除厚度偏差的厚度自动控制系统。张力微调可以通过两个途径来实现：一是调节精轧机的速度，改变张力；另一办法是调节活套机构的给定转矩，其控制结构如图8-19所示。由X射线测厚仪测出带钢的厚度偏差之后，通过张力调节器TV，

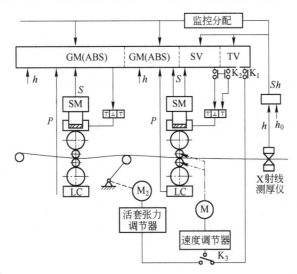

图 8-19　张力 AGC 控制框图

GM—厚度计控制；TV—张力微调控制器；SV—压下微调控制；SM—磁尺位置传感器；

LC—压头；M—主电动机；M_2—活套支撑器电机

经开关 K_1 送达 K_3，依 K_3 的不同位置将控制信号传输给电动机的速度调节器或传输给活套张力调节器。

张力 AGC 的控制原理是利用前后张力来改变轧件塑性曲线 B 的斜率对带钢厚度进行控制。张力与厚度的关系如图 8-20 所示。来料厚度为 H_0 时，作用在轧件上的张力为 T_0，塑性曲线为 B_1，工作点 a 对应的厚度为 h，压力为 P。当来料厚度有波动时，H_0 变为 H'，T_0 变为 T，$T > T_0$，使塑性曲线的状态由 B_2 变为 B_3，工作点又由 b 点拉回到 a 点，从而可以在辊缝 S_0 不变的情况下，使轧出厚度保持在所要求的范围之内。

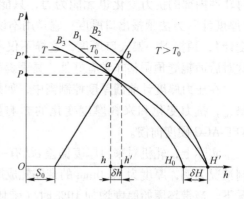

图 8-20　张力与厚度的关系

张力所引起的厚度变化，可以通过以下运算间接得到：

（1）由速度差变化计算张力。

$$T = f(V_2, V_1) \tag{8-19}$$

（2）由张力计算抗力。

$$K = K_0 \left(1 + \frac{0.4q_\mathrm{h} + 0.6q_\mathrm{H}}{2K_0} \right) \tag{8-20}$$

（3）计算抗力变化后的轧制力。

$$P = KQ_\mathrm{p}BL \tag{8-21}$$

（4）计算厚度增量。

$$\delta h = \delta S + \frac{\delta P}{K_\mathrm{m}} \tag{8-22}$$

以上就是张力 AGC 控制系统的厚度控制方程。采用张力控制厚度有助于轧件横向断面均匀变形，因此可以保持板形不变。但是为了得到一定的厚度调节量，应有较大的张力变化，例如欲使冷轧带钢厚度变化 1%，而张力可能就需要变动 10%。所以为了保证轧制过程能稳定进行，以及使钢卷能卷得整齐，在厚度变化较大时，不能把张力作为唯一的调节量。一般，张力法只用于作为精调，或者用于因某种原因不能用辊缝作为调节量的情况，例如冷连轧机的末机架，为了保证板形以及轧制薄而硬的带钢，因轧辊压扁严重等情况，不宜用辊缝作为调节量，往往是采用张力法来控制厚度。热轧厚度较薄的带钢，为了防止拉窄或拉断，张力的变化也不宜过大，所以热轧厚度控制过程中，张力法往往与调压下方法配合使用。当厚度波动较大时，就采用调压下的方法，而当厚度波动较小时，便可采用张力微调进行厚度控制。

8.2.5　可变刚度控制

液压 AGC 就是借助于轧机的液压系统，通过液压伺服阀调节液压缸的油量和压力来控制轧辊的位置，对带钢进行厚度自动控制的系统。

图 8-21 是液压推上装置示意图，图中为了实现辊缝值的精确测定，采用了专门的位置传感器来检测辊缝位置的变化。轧辊位置传感器 f 装设在机架窗口的内侧，用于检测下支撑辊轴承座上表面的位置，以轧机的中心为基准，在支撑辊轴承座上表面左右两处检测其位置的变化量，然后将两处的位置检测信号送入控制装置 i，并计算其平均值，作为下支撑辊的位置，再与压头 g 检测出的弹跳量的信号进行比较运算，然后根据此运算结果通过伺服阀 h 来调节油缸 e 的油量和压力对厚度实现控制。

借助液压压下系统还可以实现轧机刚度可调，即根据生产实际情况的变化相应地控制轧机刚度，来获得所要求的轧出厚度。甚至可以做到在轧制过程中的实际辊缝值固定不变，即"恒辊缝控制"，从而就保证了实际轧出厚度不变。

假设预调辊缝值为 S_0，轧机的刚度系数为 K_m，来料厚度为 H_0，此时轧制压力为 P_1，则实际轧出厚度 h_1 应为：

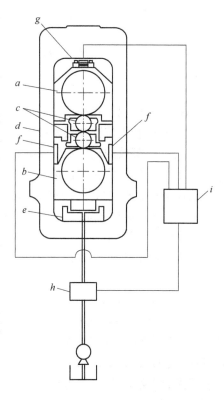

图 8-21　具有位置传感器的液压推上装置
a—上支撑辊轴承座；b—下支撑辊轴承座；
c—上下工作辊；d—机架；e—油压缸；
f—位置传感器；g—压头；
h—伺服阀；i—控制装置

$$h_1 = S_0 + \frac{P_1}{K_m} \tag{8-23}$$

当来料厚度因某种原因有变化，由 H_0 变为 H'，其厚度差为 δH，因而在轧制过程中必然会引起轧制压力和轧出厚度的变化，压力由 P_1 变为 P_2，轧出厚度为：

$$h_2 = S_0 + \frac{P_2}{K_m} \tag{8-24}$$

当轧制压力由 P_1 变为 P_2 时，则其轧出厚度的偏差 δh 也就是压力差所引起的弹跳量为：

$$\delta h = h_2 - h_1 = \frac{1}{K_m}(P_2 - P_1) = \frac{1}{K_m}\delta P \tag{8-25}$$

为了消除此厚度偏差，先预置计算出的 P_1（有时取咬入稳定后的轧制力），可以在得到 P_2 后通过调节液压缸的流量来控制轧辊位置，补偿因轧制力变动引起的轧机弹跳变化量。来料厚度差变动和抗力变动都会使轧制力波动，此时液压缸所产生的轧辊位置修正量为 Δx，按照 BISRA 方程，应与此弹跳变化量成正比，方向相反，即：

$$\Delta x = - C \frac{1}{K_m}\delta P \tag{8-26}$$

轧机经过此种补偿之后，带钢的轧出厚度偏差便不是 δh，而变小了，变为：

$$\delta h' = \delta h - \Delta x = \frac{\delta P}{K_{\mathrm{m}}} - C\frac{\delta P}{K_{\mathrm{m}}} = \frac{\frac{\delta P}{K_{\mathrm{m}}}}{1-C} = \frac{\delta P}{K_{\mathrm{E}}} \qquad (8\text{-}27)$$

式中 $\delta h'$——轧辊位置补偿之后的带钢轧出厚度偏差；

  C——轧辊位置补偿系数；

  K_{E}——等效的轧机刚度系数；

  Δx——轧辊位置修正量。

此式是轧机刚度可变控制的基本方程，由此可知，所谓轧机刚度可变控制，实质也就是改变轧辊位置补偿系数 C，即改变 K_{m}，液压 AGC 就是通过改变等效的轧机刚度系数 K_{E} 来实现厚度自动控制。

在某一特定结构的轧机条件下，轧机所固有的刚度系数 K_{m} 是一个常数。对公式（8-27）可作如下分析：

（1）当 $C=1$ 时，则 $K_{\mathrm{E}}=\infty$，$\delta h'=0$，这就意味着轧机的弹跳量被 100% 补偿掉了，即不论来料厚度偏差如何，由于此时轧机等效的刚度系数 K_{E} 是无穷大，完全可以使带钢的实际轧出厚度达到所要的尺寸，没有厚度偏差。此种情况下轧辊的辊缝称为恒定辊缝，其等效的轧机刚度称为超硬刚度，或叫超硬特性，如图 8-22 所示。

为了稳定起见，取 $C=0.8\sim0.9$，$K_{\mathrm{E}}\approx25000\mathrm{kN/mm}$ 以上，在计算机控制时，其设定值取 $K_{\mathrm{E}}=33000\mathrm{kN/mm}$。

（2）若 $C=0$，则 $C\dfrac{\delta P}{K_{\mathrm{m}}}=0$，$\delta h'=\dfrac{\delta P}{K_{\mathrm{m}}}$，

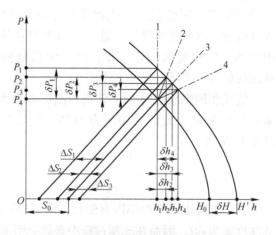

图 8-22 轧机刚度系数可变控制原理示意图

这就说明实际轧出厚度还具有因来料厚度差 δH 所起的厚度偏差 δh，此时，轧机的等效刚度系数 K_{E} 就等于轧机原来所固有的（或称为自然的）轧机刚度系数 K_{m}。

（3）当 $0<C<1$ 时，其 K_{E} 称为硬刚度系数，轧机的刚度称为硬特性，一般 $C=0\sim0.8$，$K_{\mathrm{E}}=5000\sim25000\mathrm{kN/mm}$，设定时常选目标值 $K_{\mathrm{E}}=14000\mathrm{kN/mm}$。

（4）当 $C<0$ 时，其等效刚度系数称为软刚度系数，轧机刚度称为软特性，一般 $C=-1.5\sim0$，$K_{\mathrm{E}}=2000\sim5000\mathrm{kN/mm}$，设定的目标值 $K_{\mathrm{E}}=3500\mathrm{kN/mm}$。

通过以上的分析，可以清楚地看出，只要改变轧辊位置补偿系数 C 的数值，便可以达到轧机刚度可控的目的。这种轧机刚度可变控制的原理，近年来在现代化的冷连轧轧机上得到日益广泛的应用，它是解决轧辊偏心、引起带厚周期轻微波动的有效方法。而在热连轧轧机上目前有的在精轧机组最末机架上采用。

图 8-23 是轧机刚度可变控制的电器系统框图，当轧机不受外界干扰作用时，其给定的轧制压力为 P_1。当轧机受到外来干扰作用时，如来料厚度发生变化，其轧制

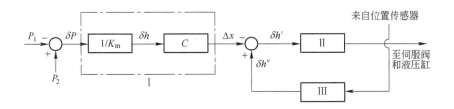

图 8-23　轧机刚度可变控制电器系统框图

压力由 P_1 变为 P_2，P_1 与 P_2 进行比较之后，便得到轧制压力差 δP，并据此计算出相应的轧机弹跳量为：

$$\delta h = \frac{1}{K_m}(P_2 - P_1) = \frac{1}{K_m}\delta P$$

通过轧机刚度可变控制的设定器改变轧机参数，即改变轧辊位置补偿系数 C 的数值，使轧机的刚度变为超硬特性、硬特性、软特性或自然特性，便可以得到与轧机弹跳量 $\frac{1}{K_m}\delta P$ 成正比的、由液压缸流量来补偿的轧辊位置修正量给定值 $C\frac{\delta P}{K_m}$。

然后将它与由位置传感器检测到的辊缝实际位置信号值 $\delta h = \frac{1}{K_m}\delta P$ 进行比较，便可以得到轧辊实际位置偏差信号 $\delta h'$，然后通过控制装置 II 去控制伺服阀和液压缸柱塞的位置，使辊缝作相应的调节。

8.3　带钢热连轧精轧机组的厚度自动控制

8.3.1　精轧机组 DDC-AGC 系统的基本组成

现代化的冷热连轧机采用直接数字控制计算机进行带钢的厚度自动控制，称为 DDC-AGC 系统。它能综合采用多种形式的 AGC 系统，以适应不同钢种、规格和工艺参数变化的要求。典型 DDC-AGC 轧机控制计算框图见图 8-24。

由图 8-24 可见，X 射线监控厚度偏差与弹跳方程的增量偏差相加后作为总偏差，与实测辊缝合成出口厚度，再与目标厚度（绝对或相对厚度）相比较，经压下效率计算处理后，去调整液压压下。

图 8-25 是七机架 1700mm 热连轧机精轧机组采用的 DDC-AGC 系统图，各个机架均设有厚度计式的厚度自动控制系统（GM-AGC）；$F_2 \sim F_6$ 机架各设有前馈式厚度控制；F_6 与 F_7 机架之间设有张力微调的厚度控制（TV）；F_7 机架设有液压厚度补偿控制（HYD）。在同一时刻，每个机架一般只能采用一种控制方式，但 GM 方式与监控方式可同时采用。

系统中还采用了 X 射线监控和压下变化对速度回路的补偿（即速度补偿）。所有这些厚度控制方式的功能都由一台 DDC 计算机完成。

在热连轧过程中，计算机根据各机架的压力、辊缝、速度和 X 射线测厚仪所测得的厚

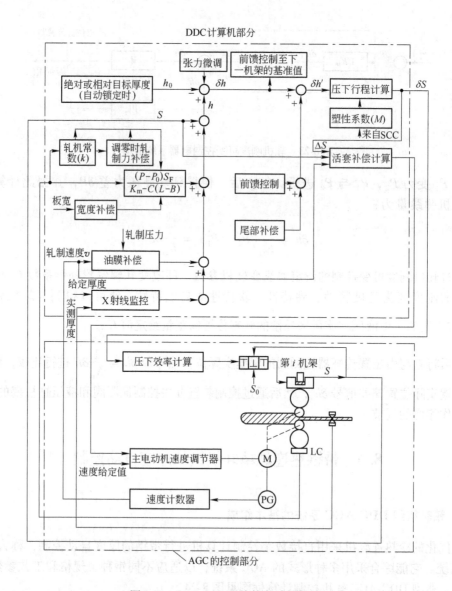

图 8-24　DDC-AGC 系统控制计算框图

度偏差等信号，按照一定的数学模型，进行计算处理，送出相应的控制信号，通过有关的调节器或控制装置对厚度实现自动控制，其控制信号有：

（1）为调节各机架辊缝（即压下位置），供液压缸位置调节的控制信号共 7 组。

（2）为进行速度补偿，供 $F_1 \sim F_6$ 机架主电动机速度调节器（SR）回路的速度补偿量共 6 组。

（3）为调节 F_6 与 F_7 机架之间的张力值，供两机架之间活套张力调节器（LTR）的恒张力控制信号 1 组。

（4）为了进一步提高厚度控制精度，供各个机架的监控、张力微调和液压 AGC 所需厚度偏差的输出量 1 组，共 9 个控制信号。

（5）液压 AGC 给 F_6 机架的液压速度补偿输出量 1 组。

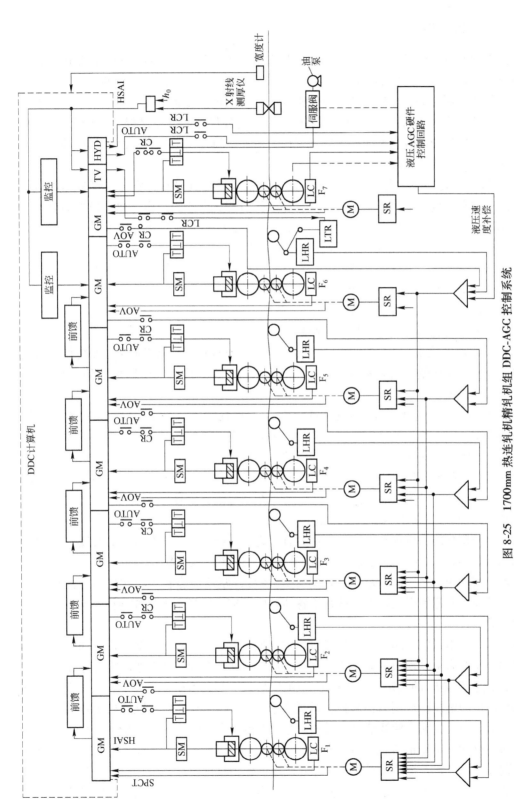

图 8-25　1700mm 热连轧机精轧机组 DDC-AGC 控制系统

GM—厚度计控制；前馈—前馈控制；监控—X 射线监控；TV—张力微调；HYD—液压 AGC 控制；LC—压头；SM—磁尺传感器；M—电动机；LHR—活套高度调节器；
LTR—活套张力调节器；SR—主电动机速度调节器；AUTO—自动工作继电器；LCR—主回路闭锁继电器；SPCT—速度计数输入信号；AOV—电压模拟输出信号

8.3.2 厚度控制补偿

热连轧精轧机组由于机组各个机架通过带钢（张力）连接在一起，同一机架由轧辊与轧件形成的变形区将交叉影响变形区参数，使得厚度控制系统和活套、板形等系统之间形成了复杂的相互耦合关系。如调节压下带来轧制力的变化，轧制力变化又带来轧辊挠度的变化。若对这种耦合影响置之不理，调节压下后，轧件尺寸的变化结果就变得无法理解。为消除这些连锁反应，应当按照轧制客观规律，对那些间接跟随变化的因素加以补偿。厚度补偿实质上是对扰动的前馈控制。

（1）AGC活套补偿。当系统移动压下而改变辊缝进行调厚时，必将改变带钢出口和入口速度。这种速度改变将带来张力变动，即干扰活套支撑器的工作，而支撑器的摆动又将影响调厚效果。为此，现代AGC系统设有活套补偿功能，即当调整压下时，事先给主速度一个补偿信号，以减轻AGC对活套系统的扰动。

（2）AGC板形弯辊力补偿。当AGC系统移动压下时，将使轧制力发生变动。这将改变轧辊辊系变形并影响带钢出口断面形状，最终影响带钢成品的平坦度。因此，在AGC系统中设有弯辊力补偿，即在板形自动控制系统（AFC）中，修正弯辊力，以补偿AGC系统调厚所造成的轧制力变化对板形的影响。

（3）喷水温度控制。当精轧系统通过改变机架间喷水及精轧机组加速，必将使各机架轧制温度改变，从而使轧制力发生变动，其结果是使带钢厚度以及带钢板形都受到扰动，为此要有相应的压下及弯辊补偿。

（4）偏心补偿。支撑辊偏心将使轧制力发生周期性波动，并使轧机出口厚度产生波动。长期以来，由于热轧厚度控制精度整体上不是很高，因此，对于只是次要因素的轧辊偏心问题，其解决方案通常只是采用数字滤波方法将偏心造成的轧制力波动成分滤去，然后再将此滤波过的调整信号用于厚度反馈控制。这是一种消极的偏心控制方法，因它只能减小压力AGC系统（GM-AGC是压力AGC的一种）对偏心信号形成正反馈后所导致的对偏心扰动的"放大"作用，而不可能减小偏心的影响。

每一种补偿功能的机理和具体实现都具有一定的复杂过程，甚至很高的难度（如偏心补偿）。如调节转速，也有因改变张力影响轧制力和挠度大小的附加变动。

在生产实际中，基于同样基本原理的AGC系统，厚控性能和各功能之间的互扰往往存在显著差异，其原因很大程度上就在于各种补偿措施的性能水平和准确性不同，对此要给予充分的重视。

在图8-25系统中还采用了X射线厚度偏差监控、速度补偿、宽度补偿、油膜厚度补偿、尾部补偿等措施。现根据前述的厚度自动控制的基本原理，就上述内容进行分析。

（1）锁定厚度 h_0 的确定。对各种形式的AGC系统都必须规定目标值，以便根据实测厚度与目标值的偏差确定调节信号以消除此偏差。但是，当AGC系统开始工作时，若带钢偏差过大，则一方面会使调节时间增长，导致厚度不合格带钢的长度增加；另一方面也会加重压下机构等调厚部件的负荷，因此，普遍采用目标值锁定（相对厚度控制）的方法。所谓锁定厚度就是把开始时刻的实际轧出厚度作为目标厚度，带钢全长上的厚度均以此锁定的目标厚度值为准，这样，即使锁定值偏离了真正的目标厚度值，但沿带钢全长上的厚度保持一致。

　　锁定值可以由人工确定锁定时刻，同时检测各机架的压力和辊缝，按弹跳方程计算得到；可以在带钢头部通过每一台机架之后，立即检测该机架的压力和辊缝，以便计算该机架的锁定值；还可以在穿带结束后，经 X 射线测厚仪检测厚度偏差小于允许值后，同时检测各机架的压力和辊缝值来计算得到。

　　（2）GM-AGC 系统的控制运算。控制运算的基本原则是按公式 $\delta S = (1 + M/K_m)\delta h$ 的关系，根据此时的厚度偏差 δh，使压下螺丝移动相应的 δS 以消除此厚度偏差，使带钢得到所要求的目标厚度。为此，首先应确定实际轧出厚度和厚度偏差。实际轧出厚度 h 取决于压下螺丝的位置 S、轧机的弹性变形 ΔS、油膜厚度 O_f 以及 X 射线厚度监控量 x_m。

$$h = S + \Delta S_m - O_f + x_m \tag{8-28}$$

式中　h——实际轧出厚度；

　　　　S——压下螺丝的位置；

　　　ΔS_m——轧机的弹性变形量；

　　　O_f——油膜厚度；

　　　x_m——X 射线厚度监控量。

　　现针对上述各项分别进行说明：

　　1）压下螺丝位置 S 的确定：它取决于压下螺纹在锁定的位置 S_0（用自整角机编码器所测得的辊缝值）和顶帽传感器 TH（它是一种辊缝值高精度检测装置）的位移量 ΔS_P：

$$S = S_0 + \Delta S_P \tag{8-29}$$

$$\Delta S_P = S_P - S_L \tag{8-30}$$

式中　S_0——锁定时压下螺丝的位置（在轧制过程中此锁定位置保持不变）；

　　　ΔS_P——顶帽传感器的位移偏差值；

　　　S_L——锁定时顶帽传感器的位置；

　　　S_P——轧制时顶帽传感器的位置。

　　2）油膜厚度 O_f 的确定：油膜厚度 O_f 是轧制速度 v 和轧制压力 P 的函数，即 $O_f = f(v,P)$。随着轧制速度和轧制压力的变化，在厚度自动控制过程中要进行油膜厚度变化量的补偿。在计算机控制的条件下，经实验测定的在基准压力 P_s 下的油膜厚度 O_{fs} 随轧辊转速变化的曲线如图 8-26 所示。以表格的形式存放在内存储器中，根据实际速度插值调用，而不同压力下的油膜厚度 O_f 则利用油膜厚度压力系数 K_f 修正，轧制压力与油膜厚度压力系数的关系曲线如图 8-27 所示。

$$O_f = O_{fs}K_f \tag{8-31}$$

式中　O_f——油膜厚度；

　　　O_{fs}——轧制压力一定时，速度不同情况下的油膜厚度；

　　　K_f——油膜厚度的压力系数，当 $P < P_s$ 时，$K_f > 1$；$P > P_s$ 时，$K_f < 1$。

　　3）轧机弹性变形量 ΔS 的确定：它取决于轧制压力 P、预压力 P_0、轧机刚度系数 K_m 和带钢宽度 B 的变化，其计算公式为：

$$\Delta S = \frac{(P - P_0)S_F}{K_m - C(L - B)} \tag{8-32}$$

式中 ΔS——轧制时轧机的弹性变形量；

      P——轧制压力；

      P_0——调零时的轧制压力；

      K_m——轧机固有的刚度系数；

      L——轧辊辊身长度；

      B——带钢的宽度；

      C——轧机刚度的宽度修正系数；

      S_F——比例系数。

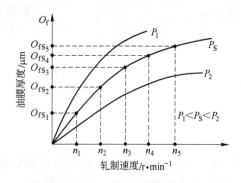 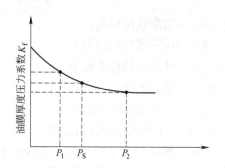

图 8-26   轧制速度与油膜厚度的关系曲线   图 8-27   轧制压力与油膜厚度压力系数的关系曲线

前面分析问题时都是将轧机的弹性曲线看成是线性的，但是实际上它并不是完全的直线关系。为了抵消用直线代替曲线所引起的误差，所以在确定轧机的弹性变形量时必须加以修正。一般是采用折线代替曲线的方法进行修正，如图 8-28 所示，$K_1 < K_2 < K_3$，各段折线刚度系数的平均值要比单一直线的刚度系数 K_1 大，结果就相当于使轧机的弹性变形有所减小（$\Delta S - \Delta S'$），所以，在公式（8-32）中乘上一个小于 1 的系数 S_F，其具体数值由实验确定，例如 1700mm 热连轧轧机采用 $S_F = 0.9$。

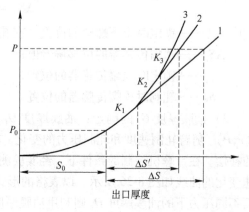

图 8-28 $K_1 < K_2 < K_3$ 的各段折线刚度系数曲线
1—单一的弹性线；2，3—具有平均刚度系数的弹性线

4）X 射线厚度监控及监控量 x_m 的确定：

所谓监控就是对机组各个机架的 AGC 进行监控修正，将带钢厚度力图保持在所要求的目标厚度值之上的一种措施。具体一点来讲，就是在精轧机组最末机架的出口侧装设精度比较高的测厚仪（如 X 射线或同位素测厚仪），用来检测成品带钢的厚度偏差 δh，并以适当的增益把它反馈到各个机架的厚度控制系统中，作适当的压下调整，来控制成品带钢的厚度。在轧制过程中，对 GM-AGC、张力微调和液压 AGC 均可采用监控。其控制原理与前面所述的用测厚仪测厚的反馈式厚度自动控制原理相同。

有了监控能进一步提高厚控精度的原因是 X 射线和同位素测厚仪本身的精度比压头转

换的精度高。例如，1700mm 热连轧精轧机组最末机架出口处的 X 射线测厚仪的精度如表 8-1 所示。而冷连轧轧机所采用的同位素测厚仪的精度为 ±0.25%。所以进一步用测厚仪的厚度信号来进行监控，其效果必定比单用 GM-AGC 好，尤其是轧制薄规格的带钢，与 GM-AGC 联合使用可以获得厚度公差更小的成品带钢。

表 8-1 测量误差

成品带钢厚度/mm	TOS GAUGE-306 型测厚仪的测量误差
1.0 ~ 1.3	≤ ±13μm
1.3 ~ 2.6	≤ ±1%，即 13 ~ 26μm
2.6 ~ 13.0	≤ ±26μm

进行监控量确定时，应考虑 X 射线监控量是反映轧辊磨损和热膨胀等随时间而缓慢变化的量，而且计算机是间断采样（即每隔 50ms 采样一次），由开始采样到监控量馈送到监控机架要经过 N 个时刻，则第 i 机架在 N 时刻的监控量 Δx_{Ni} 为：

$$\Delta x_{Ni} = G_{oi} G_{mi} \delta h_x \qquad (8\text{-}33)$$

式中　G_{oi}——比例系数，由于存在由第 i 机架到测厚仪的传递滞后，若轧件传递时间为 t_{Li}，为使系统稳定 G_{oi} 应小于 $1/2t_{Li}$，考虑到压下机构也存在滞后，故取 $G_{oi} = 1/4t_{Li}$；

　　　　G_{mi}——比例系数，表示为消除单位厚度偏差在第 i 机架所需的辊缝调节量；

　　　　δh_x——X 射线测厚仪实测厚度偏差。

在计算机控制的条件下，在第 N 时刻对第 i 机架的累计监控量输出值为：

$$x_{Mi} = \int_0^N \Delta X_{ni} dt \qquad (8\text{-}34)$$

若写成数值计算的递推格式则为：

$$x_{Mi} = x_{(N-1)i} + \Delta x_{Ni} \qquad (8\text{-}35)$$

式中　$x_{(N-1)i}$——对第 i 机架 $N-1$ 时刻的累计监控量输出值。

将式（8-29）、式（8-32）、式（8-33）、式（8-34）或式（8-35）带入式（8-28），便可以求出实际厚度 h，并与锁定厚度 h_0 比较，得厚度偏差 $\delta h = h_0 - h$，然后按公式 $\delta S = \dfrac{K_m + M}{K_m} \delta h$ 关系进行压下螺丝的调整，从而实现 AGC 控制。

（3）前馈控制算法。根据前馈控制的原理，在锁定情况下由 F_{i-1} 机架向 F_i 机架馈送的厚度偏差为 δh_{i-1}，它与 F_i 机架因前馈作用而需改变的辊缝 ΔS_{FF} 之间的关系为：

$$\Delta S_{FF} = \frac{M}{K_m} \delta h_{i-1} \qquad (8\text{-}36)$$

但在控制过程中，实际的辊缝值 S 与锁定时的辊缝值 S_L 之间已存在一定位置偏差（$S - S_L$），如图 8-29 所示，所以真正的前馈辊缝控制量 $\Delta S'_{FF}$ 为：

$$\Delta S'_{FF} = \Delta S_{FF} - (S - S_L)$$

在进行的前馈控制时，除有上述的前馈控制项 $\Delta S'_{FF}$

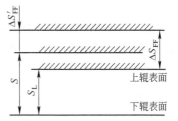

图 8-29 前馈控制信号采集

之外，还应包括机架 F_i 本身的 GM 控制时的厚度偏差反馈控制项 ΔS_G 为：

$$\Delta S_G = \frac{K_m + M}{K_m} \delta h_i \tag{8-37}$$

所以整个的总前馈控制量 $\Delta S_{FF,总}$ 应为：

$$\Delta S_{FF,总} = \frac{K_m + M}{K_m} \delta h_i + \left[\frac{M}{K_m} \delta h_i - (S - S_L) \right] \tag{8-38}$$

然后通过压下控制系统进行压下的调整，以便达到消除如"水印"或其他原因所引起的来料厚度差。

前馈控制是根据前一机架的出口厚度差 δh_{i-1}，（即后一机架的入口厚度差 δH_i），经延时后，来控制后一机架的辊缝 S_i。其延时时间 τ 可按下述方法来确定。图8-30表示对具有阶跃形来料厚度差 δh_{i-1} 的轧件进入下一架轧机后，在反馈控制系统作用下出口厚度差 δh_i 的消除过程，由于控制系统存在着滞后时间 $\Delta \tau_1$，移动压下螺丝需要时间 $\Delta \tau_2$，因此在较长的一段轧件内有较大的厚度波动。

图 8-31 表示采用了前馈控制后的情况，由于机架间距 L 为定值，而 $i-1$ 机架的轧机速度可以实测得到，故阶跃形来料厚度差 δh_{i-1} 进入下一机架所需的时间，即从测得此 δh_{i-1} 到输出下一机架控制信号的延时时间 τ 可近似为：

$$\tau = \frac{L}{v_{0(i-1)}(1 + S_{h(i-1)})}$$

式中　$v_{0(i-1)}$——前一机架轧辊圆周速度；

　　　$S_{h(i-1)}$——前一机架轧件的前滑。

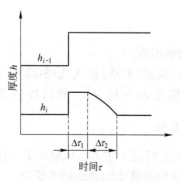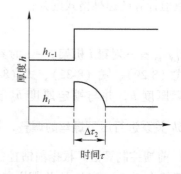

图 8-30　前馈控制信号处理　　　　　图 8-31　前馈控制下出口厚度变化

由于控制信号是提前输出的，不存在反馈系统中的滞后时间 $\Delta \tau_1$，从而使得产生厚度波动的带钢长度减少，为了进一步发挥前馈 AGC 的优点，可用式（8-39）计算延时时间 τ 为：

$$\tau = \frac{L}{v_{0(i-1)}(1 + S_{h(i-1)})} - \delta \tag{8-39}$$

式中，δ 为输出控制信号的提前时间，若 δ 取值合适便可以得到如图 8-32 所示的结果，δh_i

的绝对值将进一步下降。

（4）张力微调（TV）的运算。张力微调是根据 X 射线测厚仪测出的厚度偏差 δh_x 来修正 F_6 与 F_7 机架之间的活套张力，控制带钢厚度。如前所述，轧机本身有一定的纠正厚度差的能力，那么作用于两相邻机架之间的张力所应消除的厚度差 δh_n 应为前一机架（即 F_{i-1} 机架）的带钢厚度差 δH 减去后一机架（即 F_i 机架）纠正的厚度差，即为：

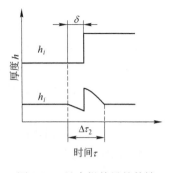

图 8-32　具有提前量的前馈
控制出口厚度变化

$$\delta h_n = \delta H - \alpha(\delta H - \delta h_x) \qquad (8\text{-}40)$$

式中　δh_n——张力作用应消除的厚度差；

　　　δH——前一机架的轧出厚度差；

　　　α——轧机纠偏能力所决定的系数，$0 \leqslant \alpha \leqslant 1$，由试验确定。

要消除此厚度差 δh_n 所需要的张力 ΔT 为：

$$\Delta T = G_0 G_T \delta h_n \qquad (8\text{-}41)$$

式中　G_T——比例系数，表示为消除单位厚差所需的张力值；

　　　G_0——为保持系统稳定而设置的比例系数。

考虑到厚度偏差量 δh_n 是一个滞后的缓慢变化量，N 时刻张力的校正输出值是在 $N-1$ 个时刻累计张力校正输出值的基础上进行的，故此时刻张力的校正输出值为：

$$\Delta T_N = \Delta T_{N-1} + \Delta T \qquad (8\text{-}42)$$

式中　ΔT_N——N 时刻因厚度波动所需的累计张力校正输出值；

　　　ΔT_{N-1}——$N-1$ 时刻累计张力校正输出值。

（5）速度补偿的计算。速度补偿是当厚度自动控制系统对第 i 机架给出了 δS 的调节量的同时，为了保持张力不变，则对第 $i-1$ 机架的轧辊线速度应给出相应的调节量 $\Delta v_{0(i-1)}/v_{0(i-1)}$，只有这样才能保证作用于轧件上的张力恒定，因此应阐明 $\Delta v_{0(i-1)}/v_{0(i-1)}$ 与 δS_i 之间的关系。

就相邻两机架而言，必须调节前架辊速使出口速度回到原来数值上，才能保证张力基本不变。过渡时期金属秒流量不相等，待厚度变更段到达后架轧机，会稳定在新的张力下。根据后面张力稳态平衡公式（9-12），可反推维持原张力所需调整的轧辊线速度。

（6）带钢尾部补偿值的计算。当带钢尾部每离开一个机架时，由于后张力消失，必然导致尾部增厚。为了防止尾部增厚的产生，在带钢尾部离开第 $i-1$ 机架时，应增大第 i 机架的压下量，此种方法称作带钢尾部补偿。所谓压尾就是在带钢的尾部多压下一些，为了达到此目的，一般采用将现有的厚度偏差控制信号 δh 适当放大，此种放大的厚度偏差信号就是压尾的补偿值 δh_T。

带钢尾部厚差越大，就说明它失张得越严重，需要的尾部补偿值 δh_T 也就越大，故第 i 机架的尾部补偿值与带钢尾部厚度 h_{i-1} 成正比。当第 i 机架的轧制速度加快时，则带钢尾部由第 $i-1$ 机架移向第 i 机架的时间 t 就短，为了消除同样大小的尾部厚度差则要求压下速度加快，也就是应增大压尾补偿量，按压尾补偿值与尾部移送时间成反比。因此，它们之间的关系为：

$$\delta h_{\mathrm{T}} = G_{\mathrm{T}} \frac{h_{i-1}}{t} \delta h \qquad\qquad (8\text{-}43)$$

式中 δh_{T}——压尾补偿值；

δh——现有的厚度偏差；

h_{i-1}——第 $i-1$ 机架带钢尾部厚度；

G_{T}——调节增益；

t——带钢尾部由第 $i-1$ 向第 i 机架的移送时间。

当带钢尾部离开第 $i-1$ 机架之后，对应于第 i 机架的压下行程 ΔS_{T} 为：

$$\Delta S_{\mathrm{T}} = \frac{M + K_{\mathrm{m}}}{K_{\mathrm{m}}} \delta h_{\mathrm{T}} \qquad\qquad (8\text{-}44)$$

尾部补偿也可以采用"拉尾"的方式，即当带钢尾部离开第 $i-1$ 机架时，降低第 i 机架的速度，使第 i 与第 $i+1$ 机架之间的张力加大，以补偿尾部张力消失的影响。

应该指出，并不是精轧机组各个机架都要进行尾部补偿。压尾机架的选择可以通过操作台上的选择开关来选取，例如 1700mm 七机架的热连轧机精轧机组所选择的压尾机架，自 F_2 架起至 F_5 越来越小，对 F_6 和 F_7 机架，考虑到此时轧制速度很高，带钢比较薄，尾部厚度差已较小，故不进行尾部补偿。

复习思考题

8-1 影响轧件出口厚度尺寸大小的因素有哪些，影响尺寸一致的因素有哪些？

8-2 为什么板带厚度轧制要有厚度自动控制装置，厚度信号来源有哪些，它们各有哪些特点？

8-3 测厚仪反馈控制滞后很多，为什么连轧还是广泛使用监控 AGC？

8-4 压力 AGC 控制系统中，为什么说没有考虑辊缝调整后的压力增量带来的辊缝变化？

9 连轧张力和活套控制

本章要点 轧制张力来自连轧时后架轧件入口速度高于前架轧件出口速度时所产生的拉力，速度差越大初始张力也会越大。但张力反作用于轧件上，不但使前后变形区轧件滑动发生改变，也能使电机转速发生一定变化，最终会使轧件出入口速度向一致靠近，实现带张力稳定连轧。连轧张力平衡时，轧件出入口速度相等，为某一平衡速度，这时秒流量也达到相等。稳定连轧的张力不但取决于速度差，也取决于张力作用下速度的改变程度，即速度容易改变，张力就小，否则就大。

而且，在多架连轧机中各架轧件通过张力成为一个整体，某一机架的参数变动通过轧件张力的传递会影响到其他各个机架应力状态，达到新的张力平衡，这称为张力的"自调整作用"。

张力在3MPa以下时，自调整作用不很显著，故宽带热轧为减少头尾厚差波动，张力仅仅为2～4MPa。国内生产常用张力为10MPa，以减少轧件的跑偏，应对左右牌坊弹跳不相等问题。冷轧张力则达到100MPa以上。

这里从张力引起轧件弹性变形和张力的运动力学分析开始，讨论张力的计算，最后再研究张力控制的基本方法及其原理，以及轧制过程中张力的自动控制。

9.1 轧制过程中张力的作用及其计算

9.1.1 前后张力作用

在连轧过程中，张力主要有5方面的作用。

（1）防止轧件跑偏。在有张力的情况下，如果存在跑偏，张力自动加大，使轧件回到中间。张力反应很迅速，可以说是无时滞的，所以有利于稳定轧制。

（2）使所轧带钢板形平直。所谓板形良好就是指板带钢的平直度好。轧制后的板带钢之所以会出现不良的板形，如边部浪皱、中部浪皱、宽度方向反弯、长度方向反弯等，其原因主要是纵向延伸不均，轧件中的残余应力超过了稳定所允许的压应力。如果在轧制过程中给轧件加上一定的单位张力，使得板带钢沿宽度方向上的纵向变形趋于一致，便可以减少板带残余应力，有利于得到平直的产品。

（3）降低金属的变形抗力。在无张力作用下，金属在变形区中是受三向压应力的作用。当有张力作用，且前后张力足够大时，还可以使水平出口方向的应力由原来的压应力变为拉应力，垂直方向的压应力变小，轧制总压力有所降低。冷轧就是采用大张力以期降低变形抗力。但无动力轧机的拔轧时，牵引力要使轧辊产生垂直力，这说明前后张力影响不一样，前张力增加轧制力。因为前张力的一部分由辊面承担，轧件增加压应力状态，故后张力直接作用在变形区轧件上，对降低单位压力的效果有更明显的作用。

（4）重新调节主电动机的负荷分配　假若带钢分别在 F_i 和 F_{i+1} 机架中进行无张力轧制时的力矩为 M_{0i} 和 $M_{0(i+1)}$，所需的功率分别为 N_{0i} 和 $N_{0(i+1)}$。当带钢在张力（T）的作用下进行连轧时，F_{i+1} 机架便会通过带钢牵拉 F_i 机架，帮助 F_i 机架轧钢，因此，F_i 机架上主传动的负荷便由 M_{0i} 减到 M_{1i}，而 F_{i+1} 机架主传动的负荷输出 $M_{0(i+1)}$ 增至 $M_{2(i+1)}$，见图9-1。

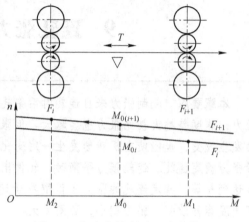

图9-1　张力在轧制过程中的作用

轧机受张力作用后，张力的功率可按下式计算：

$$N_T = \frac{Tv}{102} \tag{9-1}$$

式中　N_T——张力的功率，kW；

　　　T——张力，kg；

　　　v——轧制速度，m/s。

则此时 F_i 和 F_{i+1} 机架在连轧时的功率分别为：

$$N_i = N_{0i} - N_T \tag{9-2}$$

$$N_{i+1} = N_{0(i+1)} + N_T \tag{9-3}$$

所以在实际的连轧过程中，张力的"自调整"作用可以使设定的功率发生改变。现有时通过调节速度来适当地调整各机架主电动机的负荷。式（9-2）、式（9-3）描述了张力功率的转移情况。

张力使变形区三向应力状态发生改变，变形更容易，因而前后轧机变形功耗下降。有学者认为轧制力下降功耗大于张力转移功耗，因而张力存在可以使前后轧机总功率下降，这有待进一步理论分析并验证。

（5）能适当地调节带钢的厚度：张力变化引起轧制压力改变，轧机弹跳也就改变。在连轧过程中，可以用它来做厚度的微调。

张力对轧件尺寸影响十分敏感，一旦张力波动，产品尺寸也随之波动。在棒线材轧制的中轧机组就配置多架活套，力求进入精轧机的轧件稳定在微张力上。板带轧制时张力影响轧件厚度和宽度，所以张力的问题是连轧中的核心问题之一，而速度差是影响张力的根本。所以，连轧时任何影响轧件速度的因素都对张力大小发生作用。

连轧稳定后的轧件内张力目前还只能用活套支撑器的压力传感器间接测量出来，张力使电机力矩改变的反应是电机电流的变化。因而可以用电流记忆法来控制速度差。

9.1.2 张力的理论计算模型

由于张力变动影响电机负荷，因而可以从电机电流或扭矩测量结果间接分析出张力的变化，但电流曲线往往夹杂许多脉动，难以识别，而且难以排除轴承附加摩擦的影响，因而一直没能够准确计算。

9.1.2.1 由轧件弹性变形计算张力

1946 年，前苏联轧钢专家切克马廖夫推导出张力微分模型。他认为，根据弹性体的虎克定律可知，金属弹性变形时，应力（q）与弹性应变（ε）是成正比的关系，即：

$$q = E\varepsilon \tag{9-4}$$

式中　E——材料的弹性系数，钢的 $E = 206 \times 10^9 \, \text{Pa}$。

对式（9-4）求微分，$\mathrm{d}q = E\mathrm{d}\varepsilon$，此式表示任何时刻应变与应力相对应。

图 9-2 为带张力连轧分析示意图。从轧机间轧件上取出任意两点 a 和 b 来分析，以此两点之间的距离作为标准距离，用 l_0 表示，a 点和 b 点的运动速度分别为 $v_{1\mathrm{h}}$ 和 $v_{2\mathrm{H}}$，并且 $v_{2\mathrm{H}} > v_{1\mathrm{h}}$，在 Δt 时刻轧件走过的长度偏差量为 Δl：

$$\Delta l = (v_{2\mathrm{H}} - v_{1\mathrm{h}})\Delta t \tag{9-5}$$

当认为这个长度偏差就是轧件的伸长量，那么，时间增量越大，轧件伸长增量就越大，应力也就越大。而弹性应变（ε）可用下式表示：

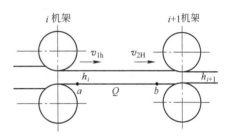

图 9-2　带张力连轧分析示意图

$$\varepsilon = \frac{\Delta l}{l_0} = \frac{1}{l_0}(v_{2\mathrm{H}} - v_{1\mathrm{h}})\Delta t \tag{9-6}$$

对式（9-6）求微分，速度差当做常量，得到：

$$\mathrm{d}q = E\mathrm{d}\varepsilon = E\frac{1}{l_0}(v_{2\mathrm{H}} - v_{1\mathrm{h}})\mathrm{d}t \tag{9-7}$$

对式（9-7）积分，得到张力 T 为：

$$T_{0\mathrm{T}} = \frac{EF}{l_0}\int(v_{2\mathrm{H}} - v_{1\mathrm{h}})\mathrm{d}t \tag{9-8}$$

式中　F——轧件断面积。

式（9-8）表示了张力与速度差的积分关系，它表明速度差不为零，随时间延长，速度差量累积，张力便不断增大，这已经改变了张力大小只与瞬时间速度差有关的原意。

实际上，在轧制过程中，在张力作用下，轧件速度 $v_{1\mathrm{h}}$ 和 $v_{2\mathrm{H}}$ 是在变化中的，不但前后滑发生改变，前后电机转速也在张力力矩的作用下发生改变，于是轧件速度 $v_{1\mathrm{h}}$ 和 $v_{2\mathrm{H}}$ 逐渐相互接近，张力是从初始冲击高值开始下降，达到一个较低的稳定值。

9.1.2.2 新型张力稳态方程

由式（9-5）直接利用材料弹性拉伸公式可以得到张力与速度差的关系式，即：

$$\Delta l = \frac{QL}{EF} = (v_{2\mathrm{H}} - v_{1\mathrm{h}})t \tag{9-9}$$

式中速度差大，张力就大，这符合一般张力的常识。另外，轧件速度都是张力的变量函数，因为张力上冲同时，张力力矩使电机转速改变，于是前架出口速度变快，后架入口速度变慢，轧件前后速度差接近，张力也有所下降。最后拉拽张力使轧件出入口速度达到相等时，张力保持平衡，轧件速度达到新的稳定数值。

当连轧张力稳定时，如果既考虑张力影响对前后滑在张力不很大时呈线性关系，还考虑张力力矩对电机速度的影响，而且把电机转矩考虑成惯性加载。轧件出入口即时速度可用下式表示：

$$v_{1h} = v_1\left(1 + f_h + a\frac{Q}{F}\right) + z_1 Q R_1(1 - e^{-t/\tau_1}) \tag{9-10}$$

$$v_{2H} = v_2\left(1 - f_H - b\frac{Q}{F}\right) - z_2 Q R_2(1 - e^{-t/\tau_1}) \tag{9-11}$$

式中　v_1，v_2——轧制时前、后轧辊的线速度，m/s；

　　a，b——张力对前、后滑的影响系数（一般在 0.0056 左右），1/MPa；

　　f_h，f_H——自由轧制时前、后滑系数；

　　z_1，z_2——前后电机刚度系数（一般在 0.00052 左右），m/(s·kN·m)。

将式(9-10)和式(9-11)代入式(9-9)，得到：

$$\begin{aligned}
\Delta l = \frac{QL}{EF} &= (v_{2H} - v_{1h})t \\
&= t\Big[v_2\Big(1 - f_H - b\frac{Q}{F}\Big) - z_2 Q R_2(1 - e^{-t/\tau_1}) - \\
&\quad\ v_1\Big(1 + f_h + a\frac{Q}{F}\Big) - z_1 Q R_1(1 - e^{-t/\tau_1})\Big]
\end{aligned} \tag{9-12}$$

式（9-12）经过变换得到：

$$Q = \frac{v_2(1 - f_H) - v_1(1 + f_h)}{\dfrac{L}{EFt} + (R_1 z_1 + R_2 z_2)(1 - e^{-t/\tau}) + 1000(av_1 + bv_2)/F} \tag{9-13}$$

由式（9-13）可见，稳定张力大小与初始速度差成正比。张力引起滑动的系数越大，被拉伸件伸长越多，张力上升越缓慢。式（9-13）中时间 t 趋于无穷，便得到稳态张力。

$$Q_0 = \frac{v_2(1 - f_H) - v_1(1 + f_h)}{R_1 z_1 + R_2 z_2 + 1000(av_1 + bv_2)/F} \tag{9-14}$$

式（9-14）表明，稳定张力大小与初始速度差成正比。张力引起滑动的系数越大，稳定后张力也小。式中的电机传动系统刚度值 z 可以从现场运行的速度力矩图分析得到。

式中的前滑系数 a 与前架有张力时速度变化大小有关，后滑系数 b 由后架脱尾前后的速度变化确定，它们可由单独的滑动试验确定。电机传动系统刚度值 z 可以从现场运行的速度力矩图分析得到。这 4 个常系数确定后，稳定时张力和速度也就能求出来。这为连轧准确计算张力大小、省去活套支撑器的先进工艺奠定理论基础。

张力速度平衡公式（9-14）还可用来在设定张力后，通过前后滑系数反算轧辊转速，计算连轧后的轧机间平均速度，从而更精确地控制稳定轧制时的张力大小。

为计算张力峰值，式（9-13）对时间 t 求导，并且在 $dQ/dt = 0$ 的条件下，得到张力峰值，化简得到：

$$Q_{\max} = (v_{2H} - v_{1h})F/1000(av_1 + bv_2) \tag{9-15}$$

式（9-15）峰值计算模型对设备安装有重要意义。因为张力上升的最高值如果接近屈服应力，设备或轧件承担最大拉力，因而可直接判定轧辊速度差的极限。

9.1.2.3　张力平衡的运动力学模型及计算机仿真验证

图9-3是实际张力建立时先上冲再平稳的过程。

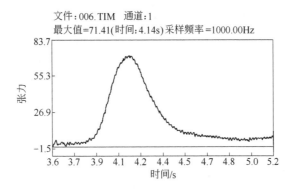

文件：006.TIM　通道：1
最大值=71.41(时间：4.14s)采样频率=1000.00Hz

图9-3　两运动物体拉拽建立张力的实验曲线

9.1.3　影响张力的各种因素

张力连轧过程中，任何对轧件速度的影响都间接影响张力。改变工作辊转速、改变辊缝、甚至来料瞬间的尺寸变化或抗力变化都对张力有影响。

（1）转速变动调张力。连轧中间某一轧机工作辊设定转速加快，该架轧机轧件入口速度和出口速度趋向提高，于是后张力加大，前张力变小。速度变动对张力的影响可依据式（9-9）计算得到。这里只要将新设定的自由轧制的速度（转速）及必要参数带入式中即可。多架连轧计算时要注意轧机张力与速度符合运动力学平衡要求，稳定轧制后各机架间才符合秒流量相等原则。因而需要反复迭代计算才能求出满足各方面要求的张力与速度。

（2）辊缝变动调张力。辊缝抬高，压下减少，轧制力下降。同时入口后滑与出口前滑下降，即入口速度变高，出口速度下降。利用轧制原理的模型公式，依据压下量可以求出自由轧制时的前后滑，因而得到轧件自由轧制新速度，再用稳态张力公式迭代求出各机架前后新张力即可。

（3）来料抗力对张力的影响。来料抗力变动主要影响轧制力，进而影响辊缝，导致轧件出入口速度改变，最终引起张力变化。

（4）润滑对张力的影响。增加润滑使轧件速度提高，出口速度提高造成前张力下降或堆钢。热连轧投入润滑就有张力的拉拽或堆钢现象。

（5）主速度级联系统。多架带张力连轧时，有时需要升减速轧制，这时为了保证原来的轧制张力不变，需要保持原来的速度差，即保证张力不变；如果按照统一比例系数升高速度，显然各架之间轧件速度差会成倍增加，因而需要设置特殊比例的升速系数，使得连轧机主速度级联系统能够保持张力。

9.2　活套支撑器

张力存在于运动中的轧件内，目前还不能做到在线的非接触张力检测，一般采用活套支撑器来完成张力间接检测和张力调节。电动活套支撑器由摆动杆、活套辊及转矩电机构成，它是能将机架间轧件托起并绷紧的机械装置，如图9-4所示。

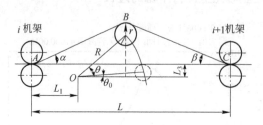

图9-4　活套支撑器示意图

工作前，活套支撑器放平，置于零位，以便带钢穿过进入后架轧机。后架咬入后出现动态速降的堆钢活套的同时，启动活套支撑器立即抬起，在一定角度时，追赶上带钢与之柔和贴紧。这时活套支撑器的角度即与带钢中的张力呈单一关系。临近轧件尾部，需要逐渐放下支撑器，减少张力，防止轧件从前架轧出，应力突然消释，产生甩尾叠钢。活套支撑器的作用总结起来就是：支套、恒张、产生纠偏指令及张力缓冲。

（1）活套与活套辊摆角的关系。活套支撑器是在连轧过程中支撑活套的装置。图9-5是活套支撑器的活套辊工作原理图，活套辊的辊面在轧制线以下的位置称为活套辊的机械零位，用θ_0表示；活套辊工作时的摆角一般为8°~15°左右；而把活套高度调节器投入工作时的摆角称为活套辊的工作零位角，一般为10°~13°左右。

根据动态速降所形成活套量（Δl_d）的大小不同，则活套辊为了绷紧带钢所需的旋转角度也不同。若以活套辊升至工作零位角所能吸收的活套量（用Δl_0表示，例如1700mm热连轧机的Δl_0为30~50mm）为界，可以把它分为两种情况进行分析：

1）当$\Delta l_d < \Delta l_0$时，这说明作用于带钢上的张力太大，活套辊在还没有升至工作零位角时，就被带钢压住了抬不起来。由于此时活套高度调节器尚未接通（因为规定以活套辊处于工作零位时它才接通），因此活套调节器不能起着调节和控制带钢活套的作用，所以此种工作状态是不正常的。

2）当$\Delta l_d > \Delta l_0$时，即活套辊摆角（θ）被升至略超过正常工作零位之后才绷紧带钢。由于活套支撑器与主传动闭环的活套调节器

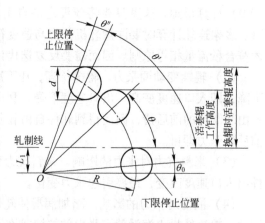

图9-5　活套支撑器的活套辊工作原理

R—活套辊臂长；d—活套辊直径；θ_0—机械零位角；

θ—活套辊工作角；θ'—换辊时活套辊摆角；

θ''—活套辊最大高度至上限位置的角度；

L_1—活套支撑器转动中心至轧制线距离

只有当活套辊的摆角超过工作零位角时才投入工作，所以把活套辊摆角略超过正常工作零位角的状态称为正常工作状态。

当活套辊摆角略超过工作零位角时，一方面活套辊继续升起绷紧带钢；另一方面由于此活套调节器投入工作，使得随后的机架（即第 $i+1$ 机架）主电动机稍微升速，收缩带钢长度，一直将活套辊压向接近工作零位角。

活套支撑器的升起和下降启动都是自动地进行的，其控制用的脉冲信号一般是由装设在相邻机架（如 i 与 $i+1$ 机架）间隔处的光电延迟继电器或由轧制压力的压力计（如压头）而获得。

（2）活套支撑器工作的参数。图 9-6 是带钢在精轧机组中进行连轧时的压力（P）、电流（I）、转速（n）、摆角（θ）和张力（T）的变化规律示意图，它们之间的关系如下：

1）从图 9-6a 的压头发出压力信号起，到活套辊升至工作零位角为止，约需 $0.5\mathrm{s}$ 左右，一直到活套辊绷紧带钢并建立给定的小张力，总共约需时间 $1\mathrm{s}$ 左右。

2）带钢头部被 $i+1$ 机架咬入之后的 $0.5\mathrm{s}$ 时间内，主电动机的负荷（电流 I 或力矩）已恢复稳定运行，如图 9-6b 所示。

3）在带钢头部被 $i+1$ 机架咬入之后的 $0.3\sim0.5\mathrm{s}$ 时间内，$i+1$ 机架的动态速

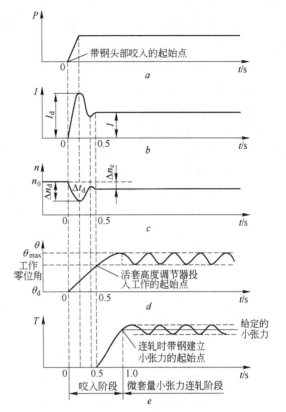

图 9-6 带钢在精轧机组中进行连轧时的压力（P）、电流（I）、转速（n）、摆角（θ）和张力（T）的变化规律示意图
a—F_{i+1} 机架轧制力；
b—F_{i+1} 机架主电动机电流的变化；
c—F_{i+1} 机架主电动机速度的变化；
d—F_i 与 F_{i+1} 机架间活套辊摆角的变化；
e—F_i 与 F_{i+1} 机架间带钢张力的变化

降得到了恢复，而在此时间内 i 和 $i+1$ 机架之间便积累了一个固定的活套量 Δl_d，如图 9-6c 所示。

4）带钢头部被 $i+1$ 机架咬入之后的 $0.5\mathrm{s}$ 时间内，由于 $i+1$ 机架产生了一定的动态速降，则此时带钢处于松弛状态，而活套辊正处于升起阶段，如图 9-6d 所示。

5）带钢头部被 $i+1$ 机架咬入之后 $1\mathrm{s}$ 左右，活套辊将带钢绷紧，在带钢上产生给定的小张力，则此时连轧机便进入了小张力连轧阶段，如图 9-6e 所示。

从以上分析可知，在给定的轧制条件下，咬入阶段由于动态速降所形成的活套量是一个固定值，一旦形成，此活套量之后就不再增大。为了使得带钢不至于过早压住活套辊而抬不起来，因此由动态速降所形成的活套量（Δl_d）必须大于活套辊工作零位所贮存的套量（Δl_0）。Δl_0 一般随活套支撑器的结构不同而异，例如活套辊臂长为 $R=600\mathrm{mm}$ 时，其 Δl_0 约为 $25\sim30\mathrm{mm}$，则 Δl_d 应保持在 $30\sim40\mathrm{mm}$ 左右；而当活套辊臂长为 $R=750\mathrm{mm}$ 时，

Δl_0 也应相应地增大，其值约为 40mm，则 Δl_d 应保持在 50~60mm。由于现代化宽带钢热连轧机是按微套量进行控制，活套支撑器所能吸收的套量也只有几十毫米，所以 Δl_d 不宜太长。

在咬入阶段由于活套高度调节器是大约经过 0.5s 之后才能投入工作，故调节器在 0.5s 以前对咬入活套的高度没有调节作用。此时间内，轧件速度差决定堆钢和拉钢。正常情况时，轧件初始速度差很小，靠动态速降产生活套。若出口速度大于入口速度，加上动态速降，有可能使活套量增加太多，甚至活套辊升至最高位置仍绷不紧带钢，结果延迟了进入小张力连轧的时间或张力失控。若入口速度过大，必然引起拉拽，不但没有活套，还产生较大的突发张力，并压住活套辊抬不起来。为了保证在连轧咬入过程中能按微套量小张力进行连轧，对于电动机的速度设定和压下辊缝的设定，应尽量准确接近，或入口速度稍微快些，一般设定绝对误差小于 1% 或 0.5%，相对速度差不超过 2%。

（3）小张力连轧阶段。它是指带钢被轧辊完全咬入之后，并在机架之间已建立起小张力，而已处于稳定连续轧制的阶段，也就是图 9-6e 中所示的 1s 以后的阶段。该阶段所占的时间约为整个连轧时间的 95% 以上。此阶段活套辊的摆角（θ）在活套高度调节器的作用下，便在所规定的工作零位角与最大工作角之间进行波动。作用于带钢上的张力围绕着给定的张力值，也作相应的微量波动调节。

在连轧过程中，对带钢进行微套量恒定小张力的控制都是由硬件来实现的。为了实现这一目的，要恰如其分地设计各机架轧件的速度差。在较小的动态速降时（与电机刚度有关，与压下量有关），前后轧机速度差可以小一些，以便稳态轧制时有较小的张力。若电机速降大，咬入时的动态速降幅度大，则需要设定较大的速差，有利于减少活套的高度，使生产更为稳定，少出事故。对于较硬的厚轧件，应设法实现无活套轧制，不但简化操作，也降低能量消耗。

（4）活套支撑器的种类。

1）电动活套。电动活套设备较为简单，但惯性大，调节响应慢，起套贴合冲力大，柔和性差，易出现厚度和宽度变化波动。电动活套经历两个大阶段：20 世纪 60 年代以前的 30 多年用电动恒力矩活套，以单纯支套为目的，开环运行，以角度判断张力，调节下一架转速，维持张力。由于张力波动大，属于"大张力"操作方式。60 年代开始研制恒张力电动活套，其原理是利用带钢在支架摆角的不同位置，直接计算保持恒张力的力矩电流，然后控制活套电机的力矩按 $M = F(\theta)$ 函数关系变化，从而保证张力基本不变。这种方法较恒力矩法稳定得多，因而得到推广。

2）气动或液压驱动活套。活套支撑器的支架用气动或液动平衡缸来支撑。其惯性小，调节速度快，贴近较柔和，控制方式也有恒力矩和恒张力两种。目前高水平车间使用液压驱动较多，但液压活套设备管线复杂，维护难度大一些。

9.2.1 电动活套的动力学计算

（1）力矩组成。控制活套所需得的力矩，也就是控制活套支撑器所需的力矩，一般包括 4 部分：1）带钢张力作用在活动辊上的作用力；2）支撑器自重本身的力矩；3）带钢自重产生的力矩；4）挑带力矩（它使带钢弯曲，厚坯尤为不可忽略），它们由电机轴作用的主动力矩来平衡。

1）图9-4中的张力力矩 M_T，由下式得到：

$$M_T = \frac{R}{i}T[\sin(\theta + \beta) - \sin(\theta - \alpha)] \qquad (9-16)$$

式中　R——支撑器活动架半径；

i——电机速比（无减速机时 $i = 1$）；

T——弹性张力；

θ——活套支撑器支架工作偏转角。

式（9-16）反映出，如果使用恒力矩电机，不同张力有不同支撑器角度，检测这一角度便可间接得到带钢内部张力。

2）支架自重的工作力矩 M_W 计算如下：

$$M_W = \frac{R}{2i}W_L\cos\theta \qquad (9-17)$$

式中　W_L——支撑器活动架重量。

3）机架间带钢自重为 W_1，带钢自重力矩为：

$$M_Q = RW_1\cos\theta \qquad (9-18)$$

4）带坯弯曲力矩为 M_b，它与弯折大小、坯料断面、变形抗力以及轧件行进速度有关。活套支撑的力矩作用如图9-7所示。

图9-7中 r_L 为活套架重心半径，r 为活套支点半径，M_{ref} 为活套传动力矩。

（2）活套支撑器空启动力矩平衡方程：支撑器启动时，还没有接触带钢，这时动力矩平衡方程为：

$$M_{ref} - 0.5RW_L\cos\theta = J\frac{d^2\theta}{dt^2} \qquad (9-19)$$

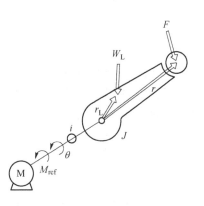

图9-7　电动活套系统

式中　J——支撑器电机 GD_M^2 及活动支撑架 GD_L^2 的合成飞轮力矩（忽略带钢），$J = \frac{G'D'^2}{4g}$；

g——重力加速度。

某厂精轧机活套支撑器数据如下：双力矩电机 $M_{ref} = 2 \times 70kW$，输出恒力矩 0.64 t·m，过渡段传动轴外径 $D = 80mm$，内径 $d = 40mm$，长度 $l = 1700mm$，计算抗扭刚度 $K_t = 177kN·m$，支撑器活动轴板及电机转子的飞轮力矩 $GD^2 = 1.4t·m$，响应频率 $f_R = 3.4Hz$(无带钢时)。现代活套支撑器升起角度很小，认为 $\cos\theta \approx 1$，此时解出 θ 角时域方程为：

$$\theta = \frac{1}{2J}(M_{ref} - 0.5RW_L)t^2 \qquad (9-20)$$

式（9-19）为过原点抛物线，θ 角上升越来越快，说明支撑器角度越小，抬升支撑器板对带钢冲击越小。贴近时如果不减缓速度，冲击力会很可观。支撑器上升高度近似计算式

$$h \approx R\theta = 0.24t^2 m \qquad (9-21)$$

如果在支撑板两边使用两个液压缸，其惯性大大减少，响应速度提高，贴合冲击小，

高速薄板广泛采用液压缸来做支撑。

（3）活套支撑器顶钢力平衡方程。当活套支撑器追上轧件，作用在轧件上的力见图9-8。

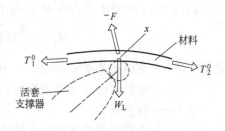

图中 x 为活套辊位置，F 为支撑器施加的活套作用力，T_1^0、T_2^0 是考虑了目标张力的方向性矢量，W_L 为活套支撑器重量。

图9-8　轧件上作用的力

作用力平衡方程为：

$$\frac{W_1}{g}\frac{\mathrm{d}^2 x}{\mathrm{d}t^2} = -F + (T_1^0 + T_2^0) + W_L \tag{9-22}$$

式中　W_1——轧件自重。

（4）活套支撑器顶钢动力矩平衡方程。当支撑器追上起套带钢后，对任意活套角，当轧件运动张力达到目标张力 T^0，给出活套传动力矩 M_{ref}。

$$M_{ref} - (M_{TE} + M_W + M_Q + M_b) = J\frac{\mathrm{d}^2 \theta}{\mathrm{d}t^2} \tag{9-23}$$

式中　M_{TE}——轧件弹性力矩，轧件储存拉力（$T = E\varepsilon$）；

（5）速度 PID 控制。关于活套角度的偏差，控制轧辊速度目标值的逻辑有各种各样的方法，简单算式如下：

$$V_{ref} = V_{R0}\left[1 + K_P\left(\Delta\theta + \frac{1}{K_I}\int_0^T \Delta\theta\mathrm{d}t\right)\right] \tag{9-24}$$

$$\Delta\theta = \theta_0 - \theta \tag{9-25}$$

式中　V_{ref}——轧辊速度的目标值；

　　　V_{R0}——轧辊速度初始值；

　　　θ_0——活套目标角度；

　　K_P，K_I——PID 控制参数。

因为活套控制有了微分会加剧振荡，故式（9-23）不包含微分，计算框图示于图9-9。

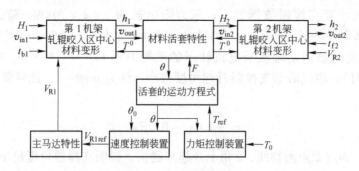

图9-9　活套控制计算框图

分析结果：用上述热轧动态特性方程具体分析了热轧带钢轧机的动态行为。以厚1.2mm 的板带计算为对象，当轧制中受到外界影响，在精轧机入口侧轧件厚度变化为最大

+5%时，计算后续机架的板厚变化、轧制力变化、活套角变化，其结果如图 9-10 所示。这种分析能了解热轧连续轧制的每时每刻动态状况，不必在实际机组上做大规模试验轧制也能得到机械系统以及各种控制系统的设计原则。

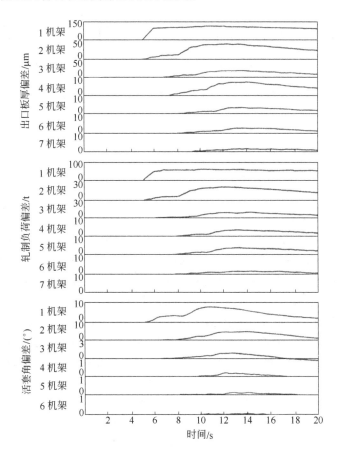

图 9-10　在第 1 机架入口给板厚一个凸起因素时各机架的变化

9.2.2　连轧时活套支撑器的自动控制系统

在连轧的实际过程中，活套支撑器具有以下功能：快速吸收因动态速降而产生的活套量，吸收由于辊缝和轧制速度的波动而带来的活套变化量，给予带钢一定的张力；用改变 $i+1$ 机架的速度使得 i 与 $i+1$ 机架之间继续保持一定的活套量。所以，活套支撑器的自动控制应完成两方面的任务：一是活套高度的自动控制，吸收因带钢的速度偏差而引起的活套；二是张力的自动控制，保持作用于带钢上的张力恒定。

9.2.2.1　活套高度的自动控制

活套高度自动控制系统是以某一设定高度值为目标值，通过各机架的速度来控制活套高度以保证张力的恒定。还可以对各机架之间的张力大小进行一定的修正。由于活套既是机架之间张力大小的检测器，也是张力微调的缓冲器，活套高度控制系统便可以通过各机架的速度来控制活套的高度，因此实现各机架张力保持恒定，特别是使得各机架当带钢在加速或减速时能保持同步。

图 9-11 是活套高度控制原理的方框图，它主要由活套高度基准设定环节Ⅰ、活套高度检测环节Ⅱ、活套高度控制环节（即调节器）Ⅲ和控制对象Ⅳ四部分组成。

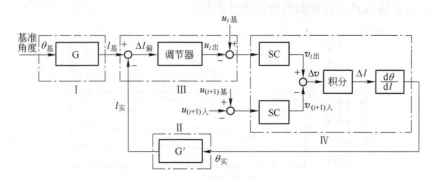

图 9-11 活套高度控制原理

（1）活套高度基准设定环节Ⅰ。前述的活套高度基准值的设定可以用手动设定器或由过程控制计算机（SCC）来完成。在该两种情况下都要根据给定的活套辊摆角，通过函数变换器 G 或电位计（见图 9-11），将活套辊摆角的基准值（$\theta_{基}$）变换为活套量的基准值（$l_{基}$）。由于活套辊摆角与活套量之间是平方函数关系，所以函数变换器 G 或电位计应按相应公式的关系进行变换，其输入端是给定的基准值 $\theta_{基}$，而其输出端便是与 $\theta_{基}$ 相对应活套量基准值 $l_{基}$，它与以后将要涉及的参数通常都是用电压信号来表示的。

（2）活套高度检测环节Ⅱ。要进行活套高度的控制，除有给定的基准值之外，还必须有反映实际轧制过程中活套辊摆角的实际值 $\theta_{实}$，也就是要有反映实际活套量 $l_{实}$ 的值。

实际活套辊摆角 $\theta_{实}$ 的检测是用装设在活套支撑器传动装置上的活套辊摆角位置检测器来检测，如图 9-12 所示。L_p 是一个电位计，如图 9-13 所示，它以电压信号的形式反映活套辊的实际摆角，并通过平方函数变换器 G′ 变换成实际的活套量 $l_{实}$。

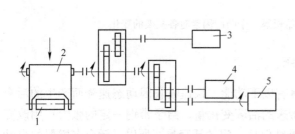

图 9-12 活套支撑器传动机构
1—活套辊；2—活套支撑器；3—直流电动机；
4—极限开关；5—活套位置检测器 L_p

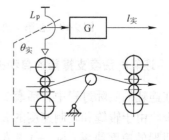

图 9-13 位置检测器
L_p—活套位置检测器；G′—变换器

（3）活套高度的控制环节Ⅲ。活套高度的基准值 $l_{基}$ 与反馈的实测活套高度值 $l_{实}$ 进行比较。若两信号完全相等，即 $l_{基}=l_{实}$，则经过比较之后，$\Delta l_{偏}=l_{实}-l_{基}=0$，表示不需要进行调节。否则，便以 $\pm\Delta l_{偏}$ 作为调节器的电压输入信号。

为了使得整个控制系统在有输入信号偏差时能够既迅速又准确地进行控制，从快速性方面来考虑，应采用比例调节，而从控制精度来考虑应采用积分调节，所以这里采用了比例积分调节器。当调节器输入端有活套量偏差信号 $\Delta l_{偏}$ 作用时，则其输出端的电压信号 $u_{i出}$ 便发生变化。若 $\Delta l_{偏}=0$，则 $u_{i出}$ 没有变化，因此第 i 机架便按原来给定的速度基准运转；若 $u_{i出}$ 有变化，则 $u_{i出}$ 与第 i 机架的速度基准 $u_{i基}$ 进行比较，便输出一个偏差信号，通过第 i 机架主电动机的速度控制装置 SC 去改变 i 机架的速度，来消除 $\Delta l_{偏}$。

（4）控制对象Ⅳ。第 i 与第 $i+1$ 机架间活套高度的控制是通过改变第 i 架主电动机的速度来改变活套长度（即活套量），从而改变活套支撑器的摆角，所以控制系统的对象就是主电动机、机架间带钢和活套支撑器。

当第 i 架主电动机速度改变后，$v_{i出}$ 随之改变，从而出现了 $v_{i出} \neq v_{(i+1)入}$ 的现象，若 $\Delta l = v_{i出} - v_{(i+1)入} \neq 0$，则此速度差随时间而积累，将导致机架间带钢长度的变化，即 $\Delta l = \int_0^{\tau} \Delta v dt$（$\tau$ 为调节时间），这种变化在图 9-11 中用积分环节表示。而带钢长度的变化又将导致活套支撑器角度的变化，即 $\theta_{实} = \dfrac{\mathrm{d}\theta}{\mathrm{d}l}\Delta l$，其变化在图 9-11 中用 $\dfrac{\mathrm{d}\theta}{\mathrm{d}l}$ 表示。

在明确了各个环节的组成和作用之后，再来进一步研究其自动控制过程。活套高度的变化经检测环节检测，并经 G' 变换为实际高度 $l_{实}$ 后，与给定的活套高度 $l_{基}$ 进行比较，来确定输入给调节器的偏差信号 $\Delta l_{偏}$。当 $\Delta l_{偏}=0$ 时，则活套高度的实际值与基准值相等。当第 i 机架与第 $i+1$ 机架之间的活套，因工艺参数的波动，引起实际的活套高度比原来所要求的给定活套高度有所增减时，则 $l_{基}-l_{实}=\pm\Delta l_{偏}$，经过调节器调节之后，便有电压信号 $\pm u_{出}$ 输出，然后再将它与 $u_{i基}$ 进行比较，便可以得到为了消除活套量偏差 $\pm\Delta l_{偏}$ 控制第 i 机架速度装置 SC 的控制信号，使第 $i+1$ 架的速度作相应的改变，逐渐地消除活套量的偏差值 $\Delta l_{偏}$ 或将它控制在允许的波动范围之内。

9.2.2.2 张力的活套自动控制

活套所需的总力矩是张力力矩和重力平衡力矩之和，并且是活套辊摆角 θ 和张力 T 的函数，而且活套量与活套辊摆角也成函数关系。但是在实际的控制过程中，因工艺参数的变化（如辊缝和速度的波动等），活套辊不可避免地要在一定的摆角范围内波动，假若电动机的传动力矩不变，则带钢张力将会随活套角的波动而变化。θ 角小时，则张力大；θ 角大时则张力小；虽然设置了活套高度调节器，以保持活套角 θ 不变，但在调节过程中，恒定力矩传动的活套支撑器仍不能保持带钢的张力恒定。为此，要求活套支撑器的电动机的力矩（M）能随 θ 的变化，可以使带钢的张力不受活套辊摆角波动的影响，而在轧制过程中保持恒定的张力，以补偿因活套角 θ 波动而引起的带钢张力变化。

张力的自动控制就是根据实测的活套辊摆角 θ，按一定的函数关系进行运算，将二者的合成值给予恒电流调节装置以改变其给定值，来控制张力的恒定。

9.3 开卷和卷取张力的控制方法

开卷机张力对于是否能保证顺利穿带起着重要的作用，如果轧机入口速度过小，便会产生堆钢现象。轧机入口速度较大则张力上升很快，开卷张力不应大于前道工序（如酸洗）卷取机的带钢张力，否则可能引起钢卷的层间窜动，造成表面擦伤。在考虑了上述因素作用情况下，轧机入口速度只能略微大于开卷线速度。

对卷取机来说，当张力过小时，会造成卷得不紧，钢卷从卷取机上卸下来之后，会因钢卷的自身重量而导致钢卷变成椭圆形，长时间堆放后甚至会产生严重的塌卷。而且，卷得太松的钢卷，即使没有发生变形，而在平整机上也会出现开卷打滑的现象，即在钢卷内圈之间产生层间错动。如果卷取张力过高，则从卷取机上卸下钢卷的内圈常会产生扭折，在退火后也会由于表面压力高产生黏结而造成报废。

此外，当带钢在机架间断带，整个连轧机组停车时，为了防止由于钢卷层间窜动而造成表面擦伤，轧机与开卷机或卷取机之间应保持一定的静张力，静张力的最大值为最大张力的 20% ~ 30%。

轧制到卷取张力的控制方法一般可分为直接法和间接法两种，绝大多数是采用间接法进行张力控制。

9.3.1　卷取机张力控制的基本原理

卷取张力同样来自速度差。图 9-14 是卷取机传动机构示意图。

电动机的转矩平衡方程为：

$$M_D = C_m \phi I_a = \frac{TD}{2i} + M_0 \pm M_d \qquad (9\text{-}26)$$

式中　M_D——电动机的转矩，kg·m；

　　　　M_0——空载转矩，kg·m；

　　　　M_d——加减速时所需的动态转矩，kg·m；

　　　　T——张力，kg；

　　　　D——带卷的直径，m；

　　　　i——减速比；

　　　　ϕ——电动机的磁通，Wb；

　　　　I_a——电动机电枢电流，A；

　　　　C_m——电动机的结构常数。

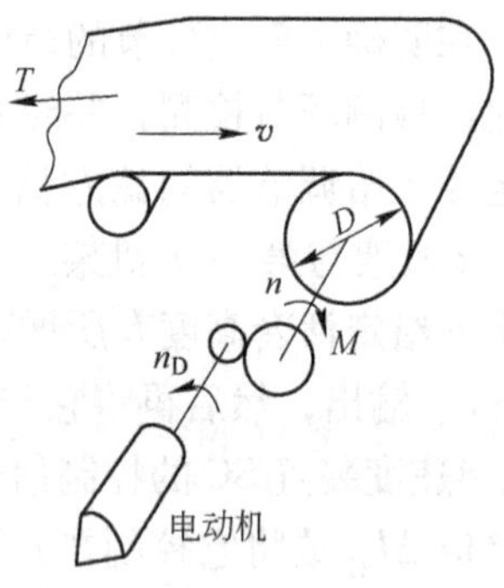

图 9-14　卷取机传动机构示意图

$$T = 2C_m i \frac{\phi I_a}{D} = K_m \frac{\phi I_a}{D} \qquad (9\text{-}27)$$

由公式（9-27）可知，要维持张力 T 恒定有两种方法：一是维持 I_a = 常数和 ϕ/D = 常数；二是使 I_a 正比于 D/ϕ 而变化。

（1）维持 I_a 和 ϕ/D 恒定来使张力恒定。此种方法用得较多，该种张力控制系统有两个独立的部分组成。

1）电枢电流控制部分，它是通过调节电动机电枢电压来维持 I_a 恒定。

2）磁场控制部分，它是通过调节电动机的励磁电流，使磁通随着钢卷直径 D 成正比例变化，从而使 ϕ/D 的比值保持恒定。

从上述两部分来看，由于电枢电路电阻 R_a 小，电枢电压 u 或电势量 E（$E = C_e \phi n$，C_e 为电动机的结构常数）的微小变化都会引起 I_a 很大的变化，因此通过电枢电压来调节，很灵敏，并且反应快，所以电枢电流控制部分是主要的。而磁场控制部分仅在卷径 D 变化时才起作用，变化较慢。

图 9-15 是间接法张力控制系统原理简图，它是按照维持 I_a 恒定和 ϕ/D 恒定的思想而构成的。在卷取机建立张力时，Δu 使电压调节器 YT 饱和，饱和值的大小由电位器 W 调节。W 也是作为张力（电流）给定用的。YT 的输出 i_g 作为张力电流的给定值，通过电流调节器 LT 来使电枢电流 I_a 维持恒定，即维持张力恒定。u_g 的大小与带钢的线速度成正比，当钢卷加速时，u_g 也随之增大，卷取机电动机的电枢电压也随着钢卷的线速度成比例地升高。

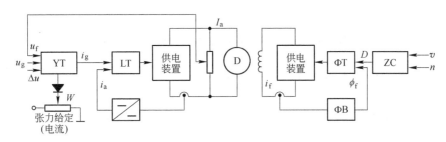

图 9-15　间接法张力控制系统原理简图

根据 $D = 60v/(\pi n)$ 的关系式，在卷取线速度 v 恒定的情况下，随着钢卷直径 D 的变化，要求电动机的转速 n 与 D 相应地成反比变化。为了维持 ϕ/D 的比值恒定，可以通过调节电动机的励磁电流来实现。ZC 为卷径测量器，它的输出作为电动机磁通调节器 ΦT 的给定信号。随着钢卷直径的变化，假若此时钢卷直径 D 是由小逐渐增大，则 ZC 的输出也相应地逐渐增大，通过 ΦT 调节器使电动机励磁电流 i_f 增大，由于 i_f 的增大使得磁通也随之相应地增大，于是就使 ϕ/D 维持恒定。

此种间接法控制张力的优点是：$I_a \propto T$ 和 $\phi \propto D$，控制起来比较直观。而它的缺点是：只要不在最大卷径情况下，不论是高速还是低速，电动机都处于弱磁工作状态，所以电动机转矩得不到充分利用；由于 $\phi \propto D$，所以电动机的弱磁倍数也就等于卷径变化的倍数，当卷径变化倍数大时，要求电动机弱磁倍数也要大，于是使得电动机体积增大；这种控制方法要求按最高工作速度 v_{max} 和最大张力 T_{max} 的乘积来选择电动机的功率，$P_{顺} = v_{max} \cdot T_{max}$，但是实际上此两者并不是同时出现，而一般高速时钢带薄，要求张力小，因此电动机的功率也不能得到充分利用。为了合理地使用电动机的功率，于是又有按最大转矩原则进行张力恒定的控制。

（2）使 I_a 正比于 D/ϕ 来实现张力恒定。此种方法又称为最大转矩法，图 9-16 是它的控制系统原理图。根据 $n = \dfrac{u - I_a R_a}{C_e \phi}$ 的关系，在基速以下时，电动机按满磁工作；而在基速以上时靠电枢电压 u（电势 E）再通过调节器 ΦGT 使电动机在弱磁状态下工作，在正常卷取工作时，转速调节器 ST 处于饱和状态，其输出 i_g 等于限幅值，而此限幅值的大小是通过触发器给出的，它的值与 D/ϕ 成正比。然后经调节器 LT 使得 $I_a = i_g \propto D/\phi$，来实现恒定张力的控制。

此种控制系统，不论卷径大小，基速以下电动机均满磁工作，因此便可以合理地利用电动机的功率。由于弱磁倍数与卷径 D 无关，故可以选用弱磁倍数小的电动机。它的

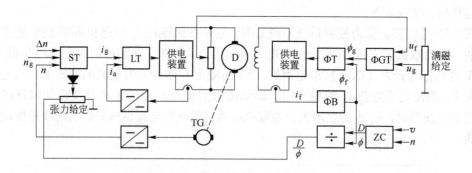

图9-16　按最大转矩原则的张力控制系统原理图

缺点是电枢电流与张力无关。若无张力计显示张力值，操作员便难以知道此时张力是多少。

此外，在小功率的简单系统中，没有调磁部分，往往希望电动机恒磁工作。由于 ϕ = 常数，于是只要使 $i_g \propto D$，来实现张力恒定的控制。

（3）瞬时卷径的计算。由于间接张力控制系统是一种张力开环补偿系统，它的控制思想是电动机的 I_a 和 ϕ 的变化与张力各扰动量相补偿。影响张力波动的主要因素是：钢卷线速度的变化、钢卷直径的变化、机械传动系统转动惯量的变化及机械损耗的变化。所以张力控制的精度主要取决于电流和磁场调节系统对上述因素的补偿，并取决于 D/ϕ 环节。而 D/ϕ 环节又取决于卷径的测量和磁通 D/ϕ。钢卷直径 D 在轧制过程中是随时间变化的，为了控制张力必须知道钢卷的瞬时直径。

卷筒上的带钢瞬时直径是借助于卷筒和导向辊上的脉冲发生器来计算的，由于卷筒和导向辊是通过带钢相互联系的，在同一时间，导向辊上带钢走过的长度应与卷筒上带钢走过的长度相等，同侧卷筒和导向辊上带钢的线速度相等，因此有：

$$\pi D_c N_c = \pi D_s N_s \tag{9-28}$$

$$D_c = \frac{N_s}{N_c} D_s \tag{9-29}$$

式中　D_c——卷筒上的带钢瞬时直径；

D_s——导向辊的直径；

N_c——卷筒的转速，以脉冲量计量；

N_s——导向辊的转速，以脉冲量计量。

（4）动态补偿电流和压下补偿系数的计算。卷取机或开卷机的张力控制系统是通过调节电动机的电枢电流间接地实现恒张力的控制。当有加减速时，电动机的电流 I_D 由两部分组成：一部分是张力电流 I_T；另一部分是相应于加减速力矩的动态电流 I_d，即：

$$I_D = I_T + I_d \tag{9-30}$$

因此必须准确及时地补偿动态电流的作用，才能保持张力电流不变，从而维持张力恒定。动态电流是正比于加减速度 $\dfrac{\mathrm{d}v}{\mathrm{d}t}$ 和传动系统的 GD^2，由于钢卷直径是随时间而变化的，

所以相应的 GD^2 也随之而变。根据电动机功率和机械功率相平衡的原则，可以推导出加减速时动态电流的表达式为：

$$I_D = K_1 \left[GD_0^2 + K_2 B(D^4 - D_0^4) \right] \frac{dv}{dt} \frac{1}{D\phi} \alpha \tag{9-31}$$

式中　GD_0^2——传动系统不变部分的惯性力矩，即不包括钢卷变化部分的 GD^2；

　　　　B——带钢的宽度；

　　　　α——压下补偿系数。

在建立动态电流 I_d 的控制模型时，当考虑到前滑对卷取侧速度的影响时，处于卷取状态的卷筒的线速度要比主轧机的线速度高。考虑到后滑对开卷侧速度的影响，所以处于开卷状态的卷筒线速度要比主轧机的线速度低，因此在计算动态电流时要乘上一个压下系数 α。带钢在导向辊圆周的行程应等于轧机工作辊圆周的行程乘以压下补偿系数 α，即：

$$\pi D_s \frac{N_s}{N_{s1}} = \alpha \pi D_R \frac{N_R}{N_{R1}} \tag{9-32}$$

式中　D_s，D_R——导向辊和工作辊的直径；

　　　　N_s，N_R——导向辊和工作辊脉冲发生器发出的脉冲数；

　　　　N_{s1}，N_{R1}——导向辊和工作辊转过一周，其脉冲发生器发出的脉冲数。

所以

$$\alpha = \frac{N_{R1}}{N_R D_R} D_s \frac{N_s}{N_{s1}} \tag{9-33}$$

开卷时 $\alpha < 1$，而卷取时 $\alpha \geqslant 1$。

9.3.2　直接法控制张力的基本原理

直接法控制张力一般有两种：一是利用双辊张力计测量实际的张力，并将它作为张力反馈信号，使张力达到恒定；二是利用活套建立张力，由活套位置发送器给出信号，改变卷取机的速度，维持活套大小不变，从而控制张力恒定。

直接法控制张力的优点是控制系统简单，避免了卷径变化、速度变化和空载转矩等对张力的影响，控制精度高。其缺点是不易稳定，特别是用张力计反馈的系统，在建立张力的过程中，有时容易出现"反弹"现象，例如当加上张力给定值后，开始时带钢还处于松弛状态，没有张力作用，当卷取电动机加速，待带钢一拉紧，张力突然投入，便迫使电动机减速，于是带钢又松开，张力又消失，电动机又加速，如此反复，结果带钢一紧一松来回弹。所以一般采用直接法张力控制系统都要设法先建立张力，待建立稳定的张力之后，再将张力闭环系统投入工作。

除了单独采用间接法和直接法控制张力之外，也有采用直接法和间接法混合控制张力的系统，即在简单的间接张力控制系统的基础上再加入直接张力控制系统作为张力的细调。

9.4　型钢连轧张力自动控制

9.4.1　H型钢轧制的平均出口速度计算

型钢连轧时总是采用小张力轧制或称为微张力轧制，这样才能减少凸缘的拉缩。这就要求获得准确的轧件速度，维持较小的轧件出入口速度差，以便保证机架间微拉状态。因而希望准确计算型钢出口速度。

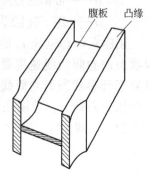

图 9-17　H型钢断面

型钢断面较为复杂，不同断面有不同的自由出口速度，总出口速度取决于各断面自由速度及面积加权平均值。以H型钢为例，H型钢可分为腰部和腿部，在水平辊和立辊组成的万能孔型中各有自己的变形条件，见图9-17。

因而腰和腿各自有不同的自由运动速度，但腰与腿是整体，最后只能以某一个平均速度出入变形区。一般腰部延伸快，带动运动较慢的腿部，而腿部限制腰部的延伸。这是因为，四辊万能轧机中由于立辊不便于安装传动，仅仅水平辊由万向连接杆驱动。这时水平辊辊面下的线速度 v 可以通过下式计算：

$$v = \frac{\pi n D_{\mathrm{g}}}{60} \tag{9-34}$$

式中　D_{g}——水平工作辊径，远大于立辊辊径；

　　　n——轧辊转速。

接触弧长为：

$$l_{\mathrm{y}} = \sqrt{\Delta h \frac{D_{\mathrm{g}}}{2}} \tag{9-35}$$

式中　Δh——腹板压下量。

腿部（凸缘）是水平轧辊内侧单边带动，故只有平均线速度如下：

$$\bar{v}_{\mathrm{c}} = \frac{\pi n (D_{\mathrm{g}} - t_{\mathrm{f}})}{60} \tag{9-36}$$

式中　t_{f}——凸缘内侧高度。显然 $\bar{v}_{\mathrm{c}}$ 低于水平辊表面的线速度。立辊接触弧长计算如下：

$$l_{\mathrm{t}} = \sqrt{\Delta t D_{\mathrm{t}}} \tag{9-37}$$

式中　D_{t}——立辊平均直径；

　　　Δt——凸缘压下量。

式（9-34）和式（9-36）的速度明显不等，腰部拉拽凸缘，凸缘限制腰部自由延伸，一般增加凸缘延伸，使凸缘提早接触侧面轧辊，补偿速度的不足。从均匀延伸来看，变形区长度应该基本相等，即 $\Delta h \frac{D_{\mathrm{g}}}{2} = \Delta t D_{\mathrm{t}}$。因为腿部压下 Δt 总是大于 Δh，故水平辊辊径为立辊辊径的2倍多，这样腹板和凸缘同时同段内开始变形。腰与腿的不同时变形也造成腰腿之间的拉力，即腹板与凸缘之间总是要产生很大内力。

　　各部考虑前滑后，平均出口速度取决于腰腿各部自由速度与腰腿面积权重的比例大小，有了出口速度，依照变形区秒流量相等，也可计算出入口平均速度，前后各架有了出入口速度，就可计算速度差和张力。

9.4.2　型钢连轧电流记忆法的微张力控制原理

　　型钢连轧保持微张力的主要控制办法是电流记忆法。1977 年南斯拉夫自控联合会上，日本学者介绍用电机电流计算力矩，再用测量的轧制力和已知的力臂系数求出附加连轧张力，但这需要把不同条件下力臂系数的变化规律搞准确。有了电流转换来的参数，再与实测轧制力计算的扭矩比较，预报出瞬时的张力，在日本这已是很成熟的技术。

　　图 9-18 是某厂轧制方坯和圆坯的钢坯连轧机。

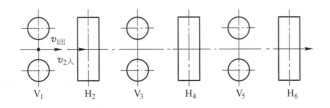

图 9-18　轧制方坯和圆坯的平立交替钢坯连轧机

　　在连轧机操纵室中每个机架都设有记录式电流表，可以通过轧制中的电流变化检测作用于钢坯上的张力情况。现以 V_1 机架为例，设 V_1 机架自由轧制的电流为 I_{10}，钢坯由 V_1 机架进入 H_2 机架，当 $v_{1出} < v_{2入}$，则 V_1 机架速度受到牵拉而有所提高时，必然是机架之间的钢坯受到了一定张力的作用，因此会使 V_1 机架的负荷降低。即使 I_{10} 减小。若 $v_{1出} > v_{2入}$，在 V_1 与 H_2 机架之间便会产生堆钢，V_1 就没有 H_2 机架对它的牵拉作用。所以钢坯连轧的微张力控制就是由人操作微张力调节器，调节 V_1 机架的电流，使钢坯出口速度接近入口速度，在微

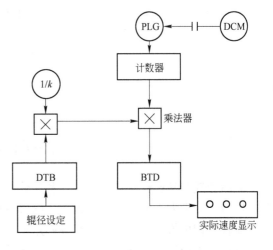

图 9-19　轧辊转速显示的电气部件框图

张力作用下进行轧制。图 9-19 表示出转速显示的电气框图。

　　图中轧机实际线速度的显示是借助于接在各机架电动机上的脉冲发生器（PLG），用脉冲计数值来反映转速，经过式（9-38）的计算得到实际速度。设 ω 为轧辊的角速度，r 为轧辊半径，v 为轧辊线速度，n 为轧辊转速，则有：

$$v = \frac{2r\pi n}{60} = \frac{nr}{k} \tag{9-38}$$

式中，$k = \dfrac{60}{2\pi}$ = 常数。

由此可见，v 等于 n 与 r 相乘再乘 k 的倒数。在钢坯连轧过程中，对下游机架进行张力微调时也会影响到上游机架之间张力发生变化。因为，在 H_4 与 V_5 机架之间产生了张力波动，便用 H_4 机架的微张调节器（$SCSV_4$）来提高 H_4 的速度，虽然 H_4 与 V_5 机架之间问题得到了解决，但是，又会影响到上游机架和下游机架的张力，为此专门设置速度同步调节装置。图 9-20 是 V_3 与 H_4 机架的速度调整环节，在该控制系统中设有速度反馈回路 A，能保证上游机架的速度都能相应地按同样的比例变化。

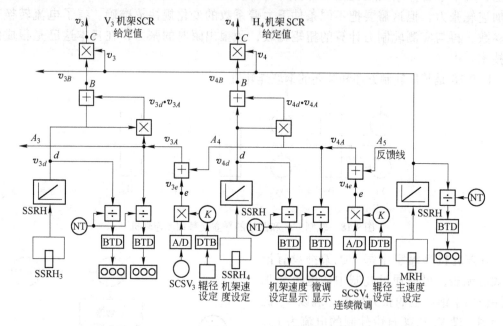

图 9-20 V_3 与 H_4 机架的速度调整环节

9.5   板带热连轧时的无活套轧制

无活套轧制是比较先进的技术。就连轧而言，头几架的坯料较厚，能使带坯起套的活套支撑器十分庞大，动力消耗也很大。随着钢种的扩大，一些钢种需要能在较低温度下轧制，如管线钢板带生产。从节能和控制角度出发，现场希望对厚坯轧制时，头几架取消活套，改用电流记忆法控制微张力轧制。只在后面几架采用轻型活套支撑器，保证连轧张力在精密控制之下。

实现无活套轧制的关键有三点：一是准确调节轧件出入口速度，使前架出口速度比后架入口速度低 2% ~ 3%，保证连轧后建立微张力；二是要选择良好的滤波算法对波纹极大的电流信号及时处理，以便得到连轧咬入前后的速度差值，即刻修正后架的速度；三是选用性能优良的拖动电机，在咬入突加负荷加载时有较小的动态速降和较快的恢复能力，缩短无张力段的长度。日本许多板带精轧机前四架都采用了无活套轧制，可节能约 4.2%。

复习思考题

9-1 简述张力建立过程，为什么说张力大小与前后轧件速度差有关，还与前后轧机驱动电机刚度有关？

9-2 为什么以自然轧出速度和自然咬入速度计算张力大小是轧制参数变动后计算张力的基础？

9-3 什么是连轧张力的自平衡作用，它对连轧各架张力有何影响？

9-4 为什么说带张力稳态连轧后的"秒流量"相等是张力自平衡的结果？

9-5 调节多架连轧机中的第1架转速，各机架间张力如何跟踪变化？

9-6 调节多架连轧机中的第3架转速，各机架间张力如何变化？

9-7 多架连轧机调节辊缝后，前后各架张力如何变化？

9-8 何谓变规程轧制，厚度变小的变规程轧制为什么是从头部开始增加压下？

9-9 变规程轧制为什么要设法保证各架张力基本不变？

10 带钢板形自动控制

本章要点　板形直观上说是指板带外观平直程度。板、带钢的板形质量指标包括板、带钢的纵、横向的凸度、高点、翘曲、边部局部减薄等。

成品板形不良无法交付用户，中间坯板形不良限制进一步轧制和生产较薄规格的产品，板形严重不良可能会导致勒辊、轧卡、断带、撕裂等事故的出现。

本章介绍了板形的基本理论，板形质量缺陷的判定条件和实际生产中自动控制板形的方法。

10.1　板形理论

板形不良的根本原因在于轧制期间板、带材的纵横向变形不均。常见板、带材的横断面的形状见图 10-1。横向厚差不均容易引起薄板瓢曲。当理想情况时，板、带材为矩形断面（图 10-1a），其横向厚差为零。但实际生产中，板带无张力粗轧时都必须采用微凹形辊缝轧制，使带材在辊缝中有"自位"作用，减少轧件跑偏，其断面凸形见图 10-1b。这时后续多道次轧制就需要按比例凸度来进行，越是薄板越需要严格控制轧辊过钢辊缝形状，否则板带内部总会产生拉压应力。凹形断面的横向厚差见图 10-1c，它是轧辊过钢凸度过大造成的。当左右压下装置调整不当时将引起楔形断面（图 10-1d、图 10-1e、图 10-1f）的横向厚差。磨损不均时，在不同处出现横断面高点，见图 10-1g、图 10-1h、图 10-1i、图 10-1j。

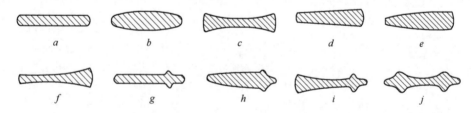

图 10-1　板、带材的横断面形状

a—矩形（理想形状）；b—凸形；c—凹形；d—平楔形；e—凸楔形；f—凹楔形；g—双面单高点；
h—楔形双高点；i—不规则凹形（单高点）；j—不规则凸形（双高点）

钢板的断面形状一般是对称的，呈凸形或凹形（图 10-1b、图 10-1c），所以也称钢板凸度。它主要取决于轧制时工作辊辊型曲线的最终形状，这与轧辊辊型的初始设计以及实际过钢压力等有关。在来料板形良好的条件下，出口板形取决于轧件延伸沿板宽方向是否均等。如果两边部的延伸大于中部，则边部产生压应力，容易出边浪；相反，如果中部延伸大于边部，则中部产生压应力，容易产生中浪；如果延伸不规则，则容易产生瓢曲，此外，还可能产生局部上凸或下凹（图10-2）。

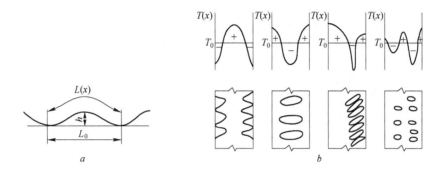

图 10-2 形状的表示
a—形状参数；b—形状与张力分布的关系

10.1.1 板形的工程表示方法

板形缺陷最常用的有以下几种表示方法：

（1）用相对波峰值表示。带钢相对波峰值以 I 为单位，用浪高（振幅）除以波长来定义（图10-2a），即：

$$I = \left(k \frac{h}{L} \right)^2 \times 10^2 \tag{10-1}$$

式中　k——浪形因子，正弦波浪时取 $\pi/2$；

　　　h——浪高，mm；

　　　L——波长，mm。

一般 $1.5\text{m} \times 2.0\text{mm}$ 热轧板带要求平直度小于 $25I$，冷轧 0.5mm 板带要求小于 $5I$。

（2）用松弛系数表示。有时带钢在张力作用下，显在波形消失，而变成潜在波形。此时用相对峰值法就不起作用。假如带钢平直部分的标准长度为 L_0，而宽度方向任意点 x 裁成长条后波浪弧长为 $L(x)$（图10-2a），则松弛系数 $\varepsilon(x)$ 可表示为：

$$\varepsilon(x) = \frac{L(x) - L_0}{L_0} \tag{10-2}$$

在波形形状近似正弦波的情况下，$\varepsilon(x)$ 与 h 之间有下列关系：

$$\varepsilon(x) = \left(\frac{\pi}{2} \frac{h}{L_0} \right)^2 \tag{10-3}$$

（3）用板形参数表示。从理论上讲带钢只有沿宽度上各点的压下率相等，从而使样板纵向各小条的延伸率相等时，才能获得良好的板形。根据上述条件和体积不变定律，可以推得在来料板形良好的情况下，保证带钢轧后平直的条件为（图10-3）：

$$\frac{\Delta}{H} = \frac{\delta}{h} \quad 或 \quad \frac{\Delta}{\delta} = \frac{H}{h} = \lambda \tag{10-4}$$

式中　H，h——带钢来料和轧后的平均厚度，即 $H = \dfrac{H_c + H_e}{2}$，$h = \dfrac{h_c + h_e}{2}$；

Δ，δ——带钢来料和轧后的凸度，即 $\Delta = H_c - H_e$，$h = h_c - h_e$；

λ——该道次的延伸系数，此式就是保证板形良好的比例凸度公式。

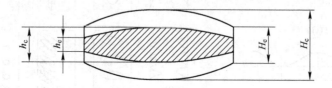

图 10-3　带钢轧制前后断面形状

式（10-4）表明，对来料板形良好而其横断面具有一定凸度的带钢，为了保持其轧后平直，则应使轧出带钢的横断面亦具有一定的凸度 δ，但是 δ 比 Δ 小 λ 倍。式（10-4）也可以写成：

$$\frac{H\delta}{h\Delta} = 1$$

如果引入板形参数的概念，并规定板形参数 α 用式（10-5）表示：

$$\alpha = \frac{H\delta}{h\Delta} - 1 \tag{10-5}$$

由式（10-5）可知，板形良好的条件必须是 $\alpha = 0$；当 $\alpha < 0$ 时，说明带钢中部压下或延伸大，这时带钢趋向出现中部浪形；当 $\alpha > 0$ 时，说明带钢边部压下或延伸大，这时带钢趋向出现边部浪形。图 10-4 表示了几种板带实际凸度形状。

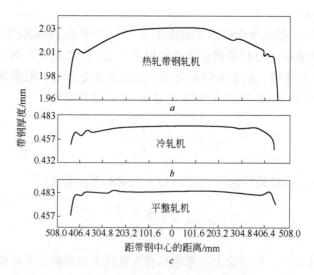

图 10-4　典型的板带实际凸度形状

a—热轧后；b—冷轧后；c—平整后

10.1.2 热带轧制板凸度规程

压下规程设定之后，由成品规定凸度向上游按比例凸度计算各架要求凸度。粗轧计算的比例凸度不大可能与来料凸度吻合，但轧件很厚，又在高温下进行，再结晶可以消除部分不均匀延伸造成的残余应力，轧件不会有明显翘曲。精轧要严格执行计算的比例凸度才能保证成品最少残余应力。表 10-1 为 2 +7 标准热带生产线的比例凸度计算表。

表 10-1　2 +7 标准热带生产线的比例凸度计算表

项　目	R1	R2	R3	R4	R5	R6	R7	R8	F1	F2	F3	F4	F5	F6	F7
入口厚/mm	175	130	95	65	49	35	25	17	11.0	7.0	5.0	3.5	2.7	2.0	1.5
比例凸度/μm	583	433	316	216	150	116	83.3	56.7	36.7	23.3	16.7	11.7	9	6.7	5

由表 10-1 可见，如果来料凸度为零，第一道次最好能进入比例凸度规程。实际上，以往粗轧各道压下量很大，轧制力也就都很大，不遵从比例凸度，中坯凸度也不能保证。所以，许多先进粗轧机已经增加弯辊装置，在大轧制力下，由弯辊力平衡挠曲，使轧件基本遵从比例凸度，确保中间坯凸度符合要求。

10.1.3 板形出浪的残余应力条件

从用户使用的角度来看，对板、带钢平直度的要求比对凸度（横向厚差）的要求更严格些，因此，通常宁可降低带钢的横向厚度精度也要获得良好的平直度。

轧件入口和出口相对凸度有差异，从而产生不均匀延伸 $\varepsilon(x)$，其后果将是在带钢宽度方向上存在不均匀应力分布，这是造成带钢翘曲的根本原因。但是带钢翘曲程度除内应力大小外，还取决于带钢的自身刚度（b/h），且当带钢较厚时不容易产生翘曲，因此所有带钢都存在一个残余应力临界值，只有残余应力超过此值时才真正发生翘曲。

$$\delta \propto \frac{\varepsilon(x)b}{h}$$

Shobet 等曾进行许多试验，并由此得出图 10-5 所示的 Shobet 和 Townsend 临界曲线，此曲线的横坐标为 b/h，纵坐标则为变形区出口和入口处相对凸度差 ΔCR。

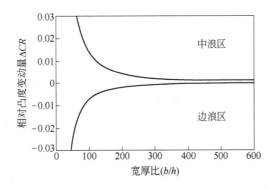

图 10-5　Shobet 和 Townsend 临界曲线

$$\Delta CR = \frac{CR_{\mathrm{h}}}{h} - \frac{CR_{\mathrm{H}}}{h_0} \tag{10-6}$$

式中　CR_{h}，CR_{H}——出口和入口带钢板凸量，mm；

　　　h，h_0——出口和入口带钢厚度，mm。

图 10-5 所示曲线的公式为：

$$-40\left(\frac{h}{b}\right)^{1.86} < \Delta CR < 80\left(\frac{h}{b}\right)^{1.86} \tag{10-7}$$

图 10-5 中上部曲线是产生中浪的临界曲线，下部曲线为产生边浪的临界曲线，超过此界限将产生翘曲。因此在精轧的前几道可以适当地改变来料的相对凸度而不破坏产品的平直度，后几道则保持相对凸度严格恒定，最终保证产品的平直度。

10.2　板、带钢轧制凸度合成计算

板形设定是指各道次比例凸度确定后，对轧辊原始辊型、弯辊及窜辊（CVC）抽动量或上下辊交叉角（PC）的设定。每架轧机出口带钢凸度 CR 为：

$$CR = \frac{P}{K_{\mathrm{P}}} - \frac{F}{K_{\mathrm{F}}} - E_{\mathrm{c}} C_{\mathrm{w}} - E_{\mathrm{w}}(C_{\mathrm{H}} + C_{\mathrm{m}} + C_0) + CR_0 \tag{10-8}$$

式中　P——轧制力；

　　　K_{P}——轧制力对辊系弯曲变形影响的横向刚度；

　　　F——弯辊力；

　　　K_{F}——弯辊力对辊系弯曲变形影响的横向刚度；

　　　C_{H}——轧辊热辊型；

　　　C_{m}——轧辊磨损辊型；

　　　C_0——轧辊原始辊型；

　　　C_{w}——CVC（PC）可调辊型；

　E_{c}，E_{w}——相应系数；

　　　CR_0——来料入口凸度。

式中，CR 是压下规程设定后，由比例凸度确定的各道次轧件目标凸度。而且轧制力确定后，轧辊挠度（轧辊弯曲变形 $C_{\mathrm{p}} = \dfrac{P}{K_{\mathrm{P}}}$）也已经确定。原始辊形按照弯辊力居中、抽辊量居中来最后确定。

原始辊形凸度确定：原始辊形是指轧辊通过车削或磨削加工使辊身所具有的外形，通常用辊身的凸度来表示（图 10-3）。一般四辊式带钢轧机多采用正的辊形凸度，即应使轧辊具有一定凸度的原始辊形，以补偿各种因素平均影响的作用。

工作辊原始辊形凸度不能过大，也不能过小。轧辊原始凸度选得太大，不仅会造成中浪，而且还会引起轧件的横窜以及易发生断带事故；反之，如果轧辊原始凸度选得太小，不但造成边浪，还有可能限制轧机能力的充分发挥。因为凸度过小，实际操作时压下稍给大一点（实际轧制压力还远未达到允许值），带材就会因出现边浪而报废。

（1）轧辊的挠曲凸度确定。根据弗浦尔（Foppl）的研究，四辊轧辊挠曲可由方程

（10-9）计算：

$$C_p = \frac{2P(1-\nu^2)}{\pi E_w}\left(\frac{2}{3} + \ln\frac{2D_B}{b} + \ln\frac{2D_w}{b}\right)$$ （10-9）

式中 P——轧制力；

E_w——支撑辊弹性模量；

D_B，D_w——支撑辊和工作辊辊径，mm；

ν——轧辊材质的泊松比。

b——工作辊和支撑辊的压扁接触宽度，计算式为：

$$b = \sqrt{\frac{16P(1-\nu^2)}{\pi E_w}\frac{D_B D_w}{D_B + D_w}}$$ （10-10）

（2）轧辊的热凸度确定。轧辊的热凸度 C_H 可近似地按式（10-11）计算：

$$C_H = K_t \alpha \Delta t D_w$$ （10-11）

式中 Δt——辊身中部与边部的温度差，℃；

α——轧辊材料的线膨胀系数，钢轧辊取 $\alpha = 11.9 \times 10^{-6}℃^{-1}$；铸铁轧辊取 $\alpha = 12.8 \times 10^{-5}℃^{-1}$；

K_t——约束系数，当轧辊横断面上的温度分布均匀时，$K_t = 1$；当温度分布不均且表面温度等于芯部温度时，$K_t = 0.9$。

（3）轧辊的原始凸度确定。工作辊原始辊形凸度 C_0 值可按式（10-12）确定：

$$C_0 = C_p + f_w' - (C_H + C_m)$$ （10-12）

式中 C_p——工作辊最大弯曲挠度；

f_w'——轧辊间最大弹性压扁值；

C_H，C_m——工作辊的最大热凸度、允许最大磨损凸度。

（4）轧辊磨损凸度确定。轧辊磨损凸度可由式（10-13）计算：

$$C_m = W_c - W_e$$ （10-13）

式中 W_c——工作辊中心磨损量，$W_c = aA^\alpha B^\beta C$，$a$ 为中心磨损系数、α、β 为统计系数，A 为负荷值，B 为接触弧长，C 为轧制长度；

W_e——工作辊板边磨损量，$W_e = bA^\alpha B^\beta C$，$b$ 为与温度有关的板边磨损系数。

这样选取基本可抵消轧制力造成的工作辊弯曲挠度，抽辊（PC 转角）设置最小，剩余的计算误差和轧制力偏移带来的凸度偏差由弯辊力在线调整。

轧制薄板、带钢时，工作辊的原始凸度为：1～4 机架的 C_0 为 0.07mm；当带钢宽度大于 1m 时，第 5 机架的 C_0 为 0.05mm；而当带钢宽度等于或小于 1m 时，第 5 机架的 C_0 为 0.07mm。

轧制极薄板、带钢时，工作辊的凸度为：当所轧带钢宽度小于 900mm 时，第 1～5 机架的 C_0 为 0.10mm；当所轧带钢宽度为 900～1100mm 时，第 1～3 机架的 C_0 为 0.07mm，而第 4～5 机架的 C_0 为 0.10mm。

原始轧辊凸度法只用作辊缝设定，辊缝设定后，凸度不能改变，故仅靠这种传统的板形控制方法显然不能保持良好的板形。

10.3　板形检测方式

使用移动式 C 形架，X 射线测厚仪可以动态测量热轧带钢凸度。热带平直度可用平面激光斜射钢板来测量带钢表面平直度。

10.4　板形控制方式

如前所述，在轧制时由于轧辊的弹性变形、辊温的变化以及轧辊的磨损，导致工作辊辊缝改变，从而影响板、带钢轧出的形状和凸度（横向厚差）。为了控制带钢的形状和凸度，提出了各种板形控制方式。不过现有的方法都是通过调整辊形，减小板、带钢的横向厚差来实现的。

目前控制板形的方法大致可分为两大类：一是"目测"和人工调节轧制力来控制板形，另一类是通过自动检测来改变工艺和设备的条件控制板形。

10.4.1　人工板形控制方式

首先要按经验合理分配各道（各机架）的压下率和凸度。一般压下小的情况下，辊形控制准确，轧机稳定度高，故越接近成品道次，压下量分配越少。压下确定后，从产品凸度要求向上游按照比例凸度计算各道的出口凸度，直至对原料提出凸度指标要求，尽量保证中间坯符合比例凸度。热轧控制冷却的压下不同一般，它是从破碎晶粒后最少长大考虑，故采用末道大压下，这时要特别严格计算比例凸度，否则板形会很糟糕。

在未安装板形自动检测装置时，操作人员主要用眼睛观测板形，有时还借助于木棍打击低速轧制的带钢，根据木棍打击带钢的声音和回弹检测带钢张应力的分布，由此来掌握带钢板形情况。目测判断板形的精度很低，只能发现可见的"波浪"，完全做到均匀延伸还有待在线检测残余应力。

人工调节控制板形的方法主要有：

（1）在线改变压下量。通过改变某道次的压下以改变轧制力，便可改变轧辊的实际挠度。例如，当带钢产生对称边浪时，通过减少压下便可减少轧辊本身的实际挠度，使本道次边浪得到改善。这种控制方法虽然及时，但会影响以后道次的压下厚度和板形，给以后的道次增加难度，甚至影响到成品，为补偿这种影响需要下游各道改变压下，同时各道凸度配合被改变。

（2）合理安排产品规格的轧制规程，即采用中宽-宽-窄的轧制顺序。磨损后的辊缝得到较好利用，不致出现"弯边"现象。但这种轧制程序显然要限制一些产品的及时生产。

（3）控制冷却液的流量。改变冷却液流量和分布可以改变轧辊辊身温度，进而改变凸度。

将冷却系统沿工作辊轴向分成若干区段（如某五机架带钢冷连轧机在 1 ~ 4 机架上设有 3 段轧制乳化液冷却系统，而在第 5 机架上则分成 5 段冷却），每个区段安装有若干冷却液喷嘴。控制各区段冷却液系统喷嘴打开和关闭的数量，调节沿辊身长度冷却液流量的分布来改变轧辊温度的分布，从而调节热凸度的大小，达到控制板形的目的。例如，当出现中间波浪时，加大中间段（或减小两侧）冷却液的流量，以减小轧辊的热凸度；当带钢两边出现波浪时，减小中间段（或加大两侧）冷却液的流量，以加大轧辊的热凸度，使板形得到改善。

采用冷却液控制法来调节热凸度可补偿一小部分轧辊的磨损量。但存在调节范围小、作用时间长，尤其是水量控制不易掌握（现场喷嘴时常有损坏）等问题。

（4）利用温度在线控制凸度。热轧时改变坯料加热温度高低可以改变抗力。温度升高，轧制力下降，挠曲减少，轧辊增加正凸度，减少边部过量压下。如果是出中浪，则降低轧制温度。

总之，冷轧没有再结晶软化，要生产无残余应力的薄板，关键是原料符合厚度、凸度设计要求。

10.4.2 液压弯辊板形控制装置

1947 年美国机械工程师弗科斯申请了四辊轧机的工作辊正弯辊专利。它是通过液压系统对工作辊或支撑辊端部施加一可变的弯曲力，使轧辊在线有限弯曲来控制轧辊凸度以校正带钢的板形。

液压弯辊法可使轧辊在线调节凸度量，这为板形实现及时的自动化调整带来希望。故液压弯辊在现代带钢轧机上被广泛采用。无论是新建的或改建的轧机，只要条件允许，都设置液压弯辊装置，见图 10-6。

注意，因为是给轧机、轧辊轴承和轧辊本身增加附加载荷，因而液压弯辊也影响了轧机

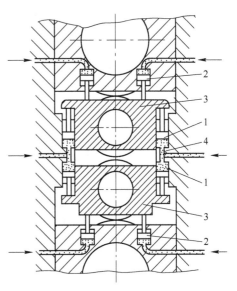

图 10-6 工作辊液压装置配置简图
1—平衡液压缸；2—负弯液压缸；
3—工作辊轴承座；4—液体输入通道

能力的发挥。另外，支撑辊和工作辊辊肩容易压碎，故宽带轧机弯辊力一般限制在 200t 左右。

目前液压弯辊装置主要有 3 种形式：正弯工作辊、负弯工作辊和正弯支撑辊。

（1）正弯工作辊。其弯辊装置安装在工作辊轴承座之间，产生的弯辊力 F 与轧制力 P 同向（图 10-7a），使工作辊产生的挠曲与由轧制力引起的挠曲方向相反，故弯辊力与轧制力叠加，不过钢时就可加载弯辊力。因此，正弯辊装置的作用是减小轧制时工作辊的挠

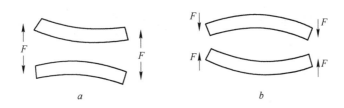

图 10-7 工作辊正、负弯辊作用示意图
a—正弯辊装置作用图示；b—负弯辊装置作用图示

度，使轧件在中部有较大的压下量，如在轧制过程中板、带钢出现两边波浪时，则采用正弯辊装置。轧辊磨损时，如果辊身中部磨损较边部快，也应采用正弯辊装置，增加轧辊的凸度。同时支撑辊挠曲变形也要有所考虑。

当使用正弯工作辊方式时，常将工作辊做成不带凸度或微带凸度的辊形。轧制时工作辊产生的挠度主要由弯辊来补偿。

（2）弯辊装置对辊型调节的模型。图 10-8 是四辊轧机加载弯辊力在不同辊身长度下引起的凸度变化。弯辊力越大，轧辊凸度变化越大。2500mm 宽钢板弯辊力凸度控制回归模型为：

$$\Delta f_\mathrm{w} = 0.23F - 0.17 \tag{10-14}$$

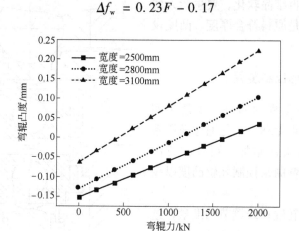

图 10-8　弯辊力对板凸度的影响

10.4.3　中间辊窜辊板形控制

HC 轧机是 20 世纪 70 年代发展起来的比常规四辊轧机具有更好板形控制效果的新型轧机。如图 10-9a 所示，HC 轧机是中间轧辊可以轴向（以中心点）对称移动的轧机，它有以下 3 种形式：具有中间辊移动系统的六辊轧机 HCM、具有工作辊移动系统的四辊轧机 HCW 和工作辊和中间辊均可移动的 HCMW 六辊轧机。

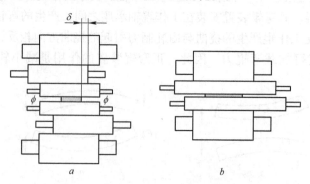

图 10-9　HC 轧机、WRS 轧机工作原理图
a—HC 轧机；b—WRS 轧机

HC 轧机的优点有：（1）通过轧辊的横移消除了普通四辊轧机工作辊与支撑辊在板宽范围以外有害的接触，工作辊弯曲不再受到这部分接触应力的阻碍，因而液压弯辊的板形控制能力增强。通过轧辊校核使轧辊间接触长度减小，工作辊缝凸度随之减小。根据实验结果，只要把中间辊的位置和弯辊力调整到适当位置上，可以使板形稳定，排除轧制压力波动对板形的影响。（2）通过横移，可以减小工作辊与支撑辊之间有害接触部分长度，使工作辊受到的附加弯矩减小，因此，可以减少工作辊挠度和压扁变形，同时可用较小的工作辊径，这些都显著地减小了边部减薄。（3）大压下轧制。由于 HCM 六辊轧机具有的板形稳定性，可以使用小辊径，有利于实现大压下量轧制。

对于 WRS 轧机（图 10-9b），通过轧辊的周期横移可以分散工作辊的磨损及热凸度，并使其分布均匀，避免轧辊局部磨损造成异常断面形状（如局部凸起），增加了单位轧辊消耗所轧带钢的长度，可以大量轧制同一宽度的产品，甚至可以从轧窄料换到轧宽料。

工作辊的周期横移原则是：每轧完一卷后，工作辊沿轴向对称移动一定的距离，随着轧制量增加，不断横移，当移到该方向的极限位置时，向反向移动。

WRS 轧机适用于需要重点控制磨损的热连轧带钢精轧机组的下游机架。

10.4.4 CVC 轧机

新型宽带（1000mm 以上）轧机（如 CVC 轧机、HC 轧机、UC 轧机等）属于轧辊窜动的挠曲补偿型板形控制技术，不但具有良好的板形控制能力，若再增加弯辊系统，则板形控制能力进一步得到扩大。

10.4.4.1 CVC 轧辊变凸度原理

CVC 轧辊是把一对轧辊（如工作辊）磨成形状完全一样的"S"形瓶状截面，成对放置时凸度位置相差 180°（图 10-10）。

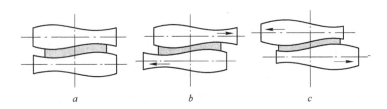

图 10-10 CVC 轧辊板形控制系统原理
a—中间位置；b—正凸度；c—负凸度

由图 10-10 可知，通过轧辊沿轴向相互反向移动，即可调节轧辊辊缝断面的几何形状。因轧辊沿轴向移动量是无级变化的，因而实现了轧辊连续可变凸度的控制效果。

辊缝凸度的调节范围与 CVC 辊轴向移动距离（最大移动距离一般为 ±100mm）及 CVC 辊沿其辊身长度方向的直径差（一般为 0.3~0.8mm）有关。

CVC 轧机的难度是：轧辊形状特殊，磨削要求精度高，必须配备专门的数字磨床；无边部减薄功能。此外随着轧辊窜动，热辊型及磨损辊型亦将移动，一般只是轧前设置，不能在线调整。CVC 轧机结构复杂，但轴承座稳定性没受影响，故使用较为广泛。

10.4.4.2 CVC 轧辊辊形计算

CVC 辊的半径坐标 $y(x)$ 可用一个三次多项式来表达，见图 10-11 及式（10-15）和式

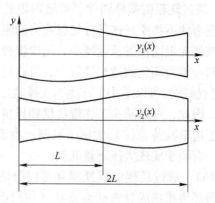

图 10-11　CVC 轧辊

（10-16）。

上辊：　　　　$y_1(x) = A_0 + A_1 x + A_2 x^2 + A_3 x^3$ 　　　　　　　　　（10-15）

下辊：　　　　$y_2(x) = A_0 + A_1(2L - x) + A_2(2L - x)^2 + A_3(2L - x)^3$ 　（10-16）

式中　$y_1(x)$，$y_2(x)$——上、下辊 x 点处的半径；

　　　　　A——多项式系数；

　　　　　$2L$——轧辊辊身长度。

确定多项式系数：当上辊向右、下辊向左相对移动 S 距离时，所形成的等效轧辊凸度 $C'_w(x)$ 为：

$$C'_w(x) = y_1(L - S) - y_1(-S) + y_1(L + S) - y_1(S) \qquad (10\text{-}17)$$

将式（10-15）、式（10-16）代入式（10-17）整理得：

$$C'_w(x) = -2L^2[A_2 + 3(L - S)A_3] \qquad (10\text{-}18)$$

若已知 CVC 辊横移到最大位置 S_{max} 时，CVC 辊的等效凸度为 C'_{wmax}，则有：

$$C'_{wmax} = -2L^2[A_2 + 3(L - S_{max})A_3] \qquad (10\text{-}19)$$

而当 CVC 辊横移到最小位置 S_{min} 时，CVC 辊的等效凸度为 C'_{wmin}，则有：

$$C'_{wmin} = -2L^2[A_2 + 3(L - S_{min})A_3] \qquad (10\text{-}20)$$

由式（10-19）、式（10-20）联合求解可得系数 A_2、A_3 的值为：

$$A_3 = \frac{C'_{wmax} - C'_{wmin}}{6L^2(S_{max} - S_{min})} \qquad (10\text{-}21)$$

$$A_2 = -\frac{C'_{wmax}}{2L^2} + 3A_3(S_{max} - L) \qquad (10\text{-}22)$$

另外两个系数 A_0、A_1 可以根据边界条件确定，若已知 CVC 辊的最大、最小直径分别为 D_{max}、D_{min} 及所在的位置分别为 x_{max}、x_{min}，则有：

$$D_{max}/2 = A_0 + A_1 x_{max} + A_2 x_{max}^2 + A_3 x_{max}^3 \qquad (10\text{-}23)$$

$$D_{min}/2 = A_0 + A_1 x_{min} + A_2 x_{min}^2 + A_3 x_{min}^3 \qquad (10\text{-}24)$$

联解两式可得出系数 A_0、A_1 的值。

从以上分析可知，CVC 辊型设计的关键是其辊型曲线的合理，在横移后的不同位置，得到均匀变化的凸度。

辊缝凸度的变化与 CVC 辊轴向移动的距离大致呈线性关系，可由式（10-25）来表示，即：

$$C_w = C_{w0}(L_0 + L)/L_0 \tag{10-25}$$

式中　C_w——CVC 辊在任意位置时的等效凸度；

　　　C_{w0}——CVC 轧辊处于中间位置即轴向移动距离为零时，CVC 辊的等效凸度；

　　　L_0——CVC 辊等效凸度为零时，轧辊负向移动的距离；

　　　L——CVC 辊轴向移动距离（一般为 ±100mm）。

CVC 辊沿其辊身方向的直径差是由基本凸度（由给定的轧制条件所决定）、调节范围和移动距离来确定的。某套带钢冷连轧机 CVC 轧辊的参数为：辊身长度为 2230mm；名义直径 D_0 为 615mm；最小直径 D_{min} 为 614.625mm；最大直径 D_{max} 为 615.28mm；直径差为 0.603mm；轧辊凸度最小值 C_{wmin} 为 0mm（此时 CVC 辊轴向移动距离 L_0 为 −100mm）；轧辊凸度最大值 C_{wmax} 为 0.5mm（此时 CVC 辊轴向移动距离 L_0 为 +100mm）；CVC 辊轴向移动距离为 ±100mm；CVC 辊处于中间位置时的轧辊凸度 C_{w0} 为 0.25mm。

图 10-12 为该轧机窜辊的凸度变化。其中凸度曲线可以用公式（10-26）近似表示：

$$C_w = 0.0025x + 0.25 \tag{10-26}$$

式中　x——轧辊窜动量，mm。

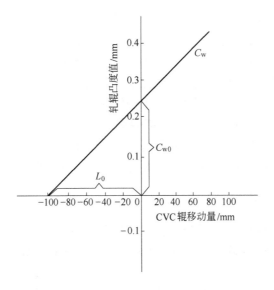

图 10-12　轧辊凸度和 CVC 轧辊位置关系

HC 六辊轧机是中间辊抽动，改变对工作辊的支撑点，HCWM 轧机的平工作辊能够抽动，改变磨损点，它们适合冷连轧成品轧机的板形微量灵活调整。增加控制功能的还有 UC 轧机，工作辊和中间辊都能抽动。

PC 变凸度四辊轧机是日本日立公司获得的专利。它利用两对圆柱平辊轴线相对交叉一个角度，造成正弯辊的效果。为使轴承座有所偏移，在立柱窗口安放顶杆螺母，用顶杆控制轴承座来回移动，轴承座宽度略小于牌坊窗口。经过十多年的实践检验，这种方式的工艺缺点比较明显，轴承座在牌坊里稳定性下降，在高压、高速轧制时尤为显著，容易左右跑偏，大大增加精轧机控制难度，减少了轧制品种范围。牌坊内侧开 4 个孔，不但加工复杂，还使立柱刚度有所下降。

10.5　带钢板形自动控制系统

10.5.1　板形自动控制原理

板形自动控制主要涉及以下两方面的内容：

（1）板形（平直度）的检测；

（2）板形控制理论、控制方法以及相应的板形反馈控制系统。

现代带钢板形的检测主要使用多辊环式板形仪和激光板形仪，为实现带钢板形在线闭环自动控制创造了条件。

板形控制基本上可以分为两类：一类是理论设计，即按轧制规程设计合理的轧制力和弯辊量，争取实现理论计算与轧制情况一致；另一类则是通过板形自动控制系统（简称 AFC 系统）进行在线控制。理论设计在板形控制技术的发展中占有较重要的地位，因为理论设计是否合理将对产品板形质量及其控制效果均有很大的影响。

在线调整 AFC 系统又可分为开环和闭环两种形式。开环与闭环控制的根本区别是：前者不对带钢板形质量进行在线检测，而是根据带钢的原始参数（如厚度、宽度、钢种等）、带钢成品厚度等，由计算机通过数学模型的计算或被存入计算机的经验数据，确定各机架的弯辊力等的设定值，这种方法的效果取决于模型精度和来料是否严格符合要求。

由于板形的开环控制系统只能实行一次性预设定控制，系统一旦受到扰动，被调量发生变化时，调节系统不能进行自动调节来克服干扰的影响，因此，控制精度不高。

在板形的闭环控制系统中，先使 CVC 装置抽辊或 PC 转角装置移动到预定位置，带材过来后检测装置将所测到的板形偏差信号送给计算机控制机构，经过处理交给在线执行机构，如工作辊弯辊装置等，改变轧制过程中轧辊凸度，以校正板形。

10.5.2　板形自动控制系统

板形自动控制执行机构包括：轧辊倾斜度（偏摆）控制、液压弯辊控制、轧辊冷却液的喷射控制以及利用辊型可调轧机（如 HC 轧机、UC 轧机、CVC 轧机、PC 轧机）等方式。

开环控制系统没有对轧出带钢的板形质量进行轧后在线检测，也不能对带钢进行在线调整。它只能根据所轧带钢的来料厚度、宽度、钢种以及成品带钢的厚度，借助于计算机，通过数学模型的计算设定各道次（各机架）的辊缝值和弯辊力的大小，以获得预定的带钢板形质量。各机架辊缝值和弯辊力的大小等可由计算机自动设定，也可由操作人员手动设定。

　　另外，开环板形控制系统在操作台上设有代表板形情况（如边浪严重、边浪较轻、中浪较轻和中浪严重等）的专门按钮，操作人员根据对板形的观察和判断，通过相应按钮通知计算机，计算机便自动修正轧辊凸度，以校正带钢板形，使之达到预期的目的。

　　带钢板形闭环控制系统由板形检测仪、数据处理（一般用微处理机）、执行机构等部分所组成。接触式板形检测仪是采用测量辊（亦称张力辊）或滚轮等与带钢直接接触来检查板形的缺陷。非接触式的带钢板形检测法有磁导率法、感应法、光学法及张应力法等。

　　带钢板形自动控制系统的执行机构是用来改变轧辊凸度的部件或装置。常采用的执行机构主要有：液压弯辊装置、压下装置、轧辊冷却系统、HC 轧机中间辊的轴向移动机构、CVC 轧辊的轴向移动机构、液压可变凸度工作辊（VC 辊）、轧辊的倾斜控制等。其中，由于液压弯辊装置可以在线调节，因此，得到最为广泛地应用。

　　数据处理装置是将带钢板形检测装置所测得的板形缺陷数据进行处理、发出板形控制指令和图像显示的装置。一般用小型计算机或微型计算机进行板形缺陷数据处理。

　　以中央处理单元为核心的微机处理装置根据测量值采样回路输入的测量信号和带材的工艺参数（带宽、带厚、带钢张力、带钢边沿位置）等计算各测量区段的应力，并将其结果显示在终端画面上。同时，计算出校正板形的控制方法和发出相应的控制命令。图 10-13 为板形自动控制系统原理框图。

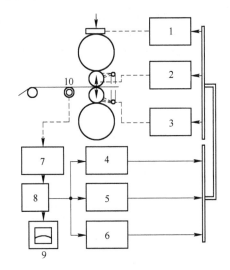

图 10-13　带钢板形自动控制原理框图
1—压下机构；2—液压弯辊装置；3—轧辊冷却系统；
4—校正局部缺陷；5—校正对称缺陷；
6—校正边部缺陷；7—板形检测装置；
8—信号处理装置；9—计算机终端装置；
10—板形检测仪（如多段测量辊）

　　由图 10-13 可知，压下机构、液压弯辊装置、轧辊冷却系统 3 个执行机构在信号处理装置即计算机的控制下同时作出响应。

　　板形控制系统中的压下调节包括压下设定调节和轧辊两端压下偏差调节，因为液压弯辊装置的工作点与压下设定有关。

　　由板形检测装置测得的沿带钢宽度方向分布的张应力偏差信号经信号处理装置 8 进行处理后，送给 3 个执行机构以修正轧制中轧辊凸度的变化。例如，当轧辊凸度增加时，带钢出现中浪，即带钢边部张应力大于中部张应力。此时，应控制弯辊装置，使正弯辊力降低（或负弯辊力增加），以减小轧辊凸度。

10.5.3　某 1700mm 带钢冷连轧机板形控制系统

　　在该套带钢冷连轧机上，为改善带钢板形，采取了一些常规板形控制的措施，主要有：

　　（1）原始凸度控制法（见 10.2 节）。

（2）冷却液控制。

（3）冷辊预热。用以改变轧辊的热凸度。采用两种预热方法，其一是利用轧辊压靠空转加热，压靠力一般可达到 4.9×10^6 N（500t），空转时间视产品而异；另一种方法是利用烫辊料轧制预热轧辊。

（4）减小压下量，增加带钢张力，以减小轧制压力，从而减小轧辊的弯曲挠度来达到校正带钢板形的目的。本套带钢冷连轧机在开轧或末机架刚换辊时，通常将最后两个机架的相对压下量减小 2.5% ~ 10%，而将这两个机架间带钢的张力增大 5% ~ 20%。

（5）液压弯辊力控制。这是本套轧机改善带钢板形的一种主要控制方法。液压弯辊系统油压为 18MPa（180bar），最大弯辊力为 7.84×10^5 N（80t）。

该套轧机由一台 CP550 型微型计算机和液压弯辊装置组成板形控制系统，实行一次性弯辊力预给定的开环控制。

弯辊力可以用理论公式计算出来，但有时带钢冷连轧机弯辊力的预设定值常常不是采用数学模型计算求得的，而是将由实践经验所得到的数据用表格的形式（表 10-2）存入计算机内。在轧制过程中，按照带钢宽度及 3 个不同时期（穿带期、轧制期、出料期），分别查表和用内插法计算得出各机架的弯辊力给定值，并将其输出至液压弯辊系统。表 10-2 为带钢宽度 B 与液压弯辊力（%）的关系，每个机架均有这样一个相应的表格。

表 10-2　板宽与弯辊力的关系

支撑点距离/mm		100
表中存入数据/个		13
板宽 B/mm	500	120%
	600	118%
	700	116%

表 10-2 中存放的弯辊力的值为给定值加上正常弯辊量的数值（每个机架的弯辊力均有一个正常弯辊量的值）。例如：第 1 机架的正常弯辊量值为 70（%），则表中相应于 600mm 板宽的弯辊力为 118(%) – 70(%) = 48(%)。如表格中弯辊力的数值小于最大限制值得数即为负弯辊力。

若板宽不是整数值，可按内插公式查表计算求得。内插公式为：

$$Y = Y(I) + \frac{Y(I+1) - Y(I)}{B(I+1) - B(I)} \Delta B \tag{10-27}$$

例如：带钢宽度 B = 640mm，由表 10-2 查得：B = 600mm 时，相应的 $Y(I)$ = 118（%）；B = 700mm 时，则相应于 116（%）。则求出板宽为 640mm 时的弯辊力为 117.2（%）。

另外，为适应液压弯辊系统控制信号的需要，应将弯辊力的预设定值转换为模拟电压值，以便控制液压系统中的电液伺服阀。

计算机在计算弯辊力时，是从第 5 机架开始按顺序算到第 1 机架的，而且是把一个机架的 3 个不同轧制阶段的弯辊力的值均算好后，才接着算另一架的弯辊力的值。

在带钢冷连轧机的主控台上，设有各机架弯辊力给定的自动/手动转换开关。当开关置于自动位置时，各机架不同轧制阶段的弯辊力由计算机自动给定；而置于手动位置时，各机架的弯辊力由操作人员手动给定。

弯辊力经计算机或人工给定后，是由液压弯辊系统中的电液伺服阀自动保持的。该套轧机的液压弯辊系统对弯辊力的控制是利用电液伺服阀并通过压力传感器的反馈以控制液压弯辊缸的油压来实现的。此控制方式具有简单可靠、控制精度高的优点。

图 10-14 所示的液压弯辊系统由液压站、执行油缸及控制阀组 3 部分组成。液压站由 4 只轴向柱塞定压变量泵所组成。其中 3 台工作，1 台做循环过滤冷却并兼做备用。

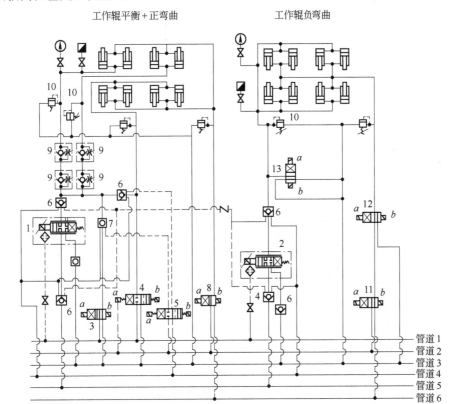

图 10-14 某五机架带钢冷连轧机液压弯辊管线系统

1, 2—电液伺服阀；3, 4, 5, 8, 11, 12, 13—换向阀；6—液压单向阀；

7—液控单向阀；9—单向节流阀；10—安全阀

管道 1—油压力为 18MPa（180kg/cm²）；管道 2—油压力为 6MPa（60kg/cm²）；管道 3—回油管路；

管道 4—泄油管路；管道 5—油压力为 23MPa（230kg/cm²）；

管道 6—油压力为 0.5MPa（5kg/cm²）

液压站可提供 4 种不同的压力油：23MPa（230kg/cm²）的高压油，由管道 5 输出，作为电液伺服阀 1 和 2 的供油压力；18MPa（180kg/cm²）的高压油，它不是由工作油泵直接排出的高压油，而是经伺服阀和压力传感器反馈控制后输出的压力油，油压较为稳定，由管道 1 输出，作为工作辊和支撑辊的平衡及伺服阀 1 和 2 的前置级控制油压；6MPa（60kg/cm²）的中压油，由管道 2 输出，主要用于换辊时使液压缸活塞退回及液控单向阀和电液换向阀的控制油路；0.5MPa（5kg/cm²）的低压油，做液压缸活塞杆腔的背压用。

（1）工作辊液压正弯控制。液压弯辊控制系统（图 10-15）对弯辊力的控制过程说明如下：该套五机架带钢冷连轧机的每个机架上均设有正弯辊装置，而在第 4 机架上还设有

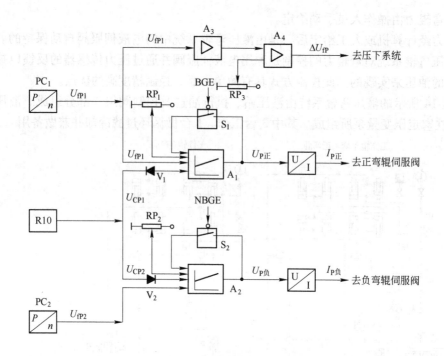

图 10-15　正负液压弯辊控制环节原理框图

V_1，V_2—二极管；A_1，A_2—正、负正弯辊液压弯辊调节器；A_3，A_4—放大器；PC_1，PC_2—正弯辊装置的
压力传感器；R10—330-R10 型小型板形控制计算机；S_1，S_2—电子开关；U/I—电压/电流变换器；
$RP_1 \sim RP_3$—电位计；BGE，NBGE—正、负弯辊控制释放信号

负液压弯辊装置，因第 5 机架采用了 CVC 工作辊，故未再设置负液压弯辊装置。

　　图 10-14 中正弯辊力是由伺服阀 1 按压力给定器所给定的正弯辊力来进行控制的。而此时，用以控制液压负弯辊力的伺服阀 2 由压力给定器给出最小输出压力。这时换向阀 3、4 处于图中所示位置，换向阀 5 和 a 接通，使 5 个液压单向阀打开，将由管道 5 送来的23MPa 的高压油供给伺服阀，并通往上、下正弯辊缸。液控单向阀 7 关闭，以防正弯压力油回流。换向阀 8 处于图示位置，使正弯辊缸的活塞杆腔保持有 0.5MPa 的背压。单向节流阀 9 用以保证上、下弯辊缸动作同步。为防止系统过载而设置了安全阀 10，以供给负弯辊缸活塞杆腔 0.5MPa 的低压油作为背压的换向阀 11、12 处于图示位置。换向阀 13 处于图示位置，以避免弯辊压力油回流。

　　由板形控制计算机 R10 输出的正液压弯辊装置压力给定值 U_{CP1} 为负值（$U_{CP1max} = -10V$，对应的正弯辊缸压力为 18MPa（180bar）），经反向二极管 V_1 加到正液压弯辊调节器 A_1 的一个输入端。由正液压弯辊装置压力传感器 PC_1 检测输出的正弯辊液压缸压力实际值 U_{fP1}（$U_{fP1max} = +10V$，对应正弯辊缸压力为 18MPa）加到 A_1 的另一个输入端作为正弯辊液压缸实际压力的反馈信号。

　　A_1 的输出 $U_{P正}$ 经电压/电流变换器将其电压信号转换成电流信号 $I_{P正}$，以控制正弯辊伺服阀线圈的电流，使正弯辊液压缸的压力为其给定值。

　　由计算机 R10 输出的负液压弯辊装置压力给定值 U_{CP2} 为正值（$U_{CP2max} = +10V$，对应的负弯辊缸压力为 18MPa），经正向二极管 V_2 加到负液压弯辊调节器 A_2 的一个输入端。

由负液压弯辊装置压力传感器 PC_2 检测送出的负弯辊液压缸压力实际值 U_{fP2} （$U_{fP2max} = -10V$，对应负弯辊液压缸的压力为18MPa）加到 A_2 的另一个输入端作为负弯辊液压缸实际压力的反馈信号。

A_2 的输出 $U_{P负}$ 经电压/电流变换器将电压信号转换成电流信号 $I_{P负}$，以控制负弯辊伺服阀线圈的电流，使负弯辊液压缸的压力为其给定值。

图 10-15 中 BGE、NBGE 分别为正、负弯辊装置控制释放信号，当机架处于弯辊控制状态时，则 BGE、NBGE 信号均为高电平，电子开关 S_1、S_2 为断开状态，正、负弯辊装置调节器 A_1、A_2 投入工作。

为增加系统工作的稳定性，正、负弯辊装置均设有 0.5MPa（5bar）的最小压力给定值（由电位计 RP_1、RP_2 分别设定）。

（2）工作辊负弯控制。负弯辊力是由电液伺服阀 2，按压力给定器所给定的负弯辊力来控制的。此时，伺服阀 1 由压力给定器给出最小输出压力。

（3）倾斜控制环节。倾斜控制环节属于轧机压下控制系统的一部分。该套五机架带钢冷连轧机的每个机架上均设有倾斜控制环节，其控制原理框图如图 10-16 所示。

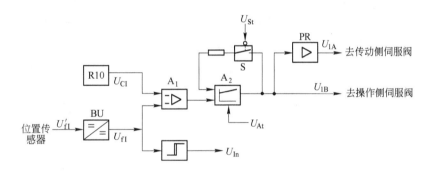

图 10-16 倾斜控制环节原理框图

R10—330-R10 型小型板形控制计算机；BU—电压变换器；A_1—比较放大器；A_2—倾斜控制调节器；
PR—反相器；U_{St}—穿带时电子开关 S 接通信号；U_{At}—倾斜控制调节器释放信号；
S—电子开关；U_{In}—倾斜调节极限值报警信号，由 R10 小型计算机输出的
轧辊倾斜调节给定值 U_{CI} 送给比较放大器 A_1 的反相输入端

由传动侧与操作侧位置传感器所测之轧辊水平位置之偏差信号 U'_{fI} 经电压变换器 BU 得倾斜调节的实际位置反馈信号 U_{fI}（U_{fI} 与 U_{CI} 的极性相反），并输送到 A_1 的另一个反相输入端，与给定值 U_{CI} 在 A_1 的输入端进行比较，其差值经 A_1 放大并输送给倾斜控制调节器 A_2 的输入端，A_2 的输出则分别为传动侧与操作侧伺服阀线圈电流的控制信号 U_{1A}、U_{1B}。

当 A_2 输出为正信号时，传动侧压下系统的液压缸上抬，辊缝增加，而操作侧压下系统的液压缸下压，使辊缝减少；当 A_2 输出为负信号时，则反之。

当机架穿带时，电子开关 S 的释放信号 U_{St} 为低电平，电子开关接通，倾斜控制调节器 A_2 为比例调节器，以便顺利穿带。

在一般情况下，A_2 的释放信号 U_{At} 为高电平，使 A_2 的 PI 调节器处于工作状态；当轧机处于校辊、故障状态时，U_{At} 为低电平，倾斜控制调节器 A_2 被封锁。

为保证机械设备的安全，当倾斜控制的调节量超过 4mm 时，发出倾斜调节过大的报警信号 U_{In}，则封锁压下系统。

10.5.4 CVC 轧辊板形液压控制

图 10-17 所示 CVC 轧辊抽动控制图表示的主要功能是：在轧制过程中根据板形计算机 R10 送来的板带平直度的偏差信号大小（CVC 轧辊位置自动控制给定值 U_{CP}）控制上、下 CVC 工作辊向相反方向移动一个相同的给定距离，在一定范围内对轧辊的凸度进行连续调节。

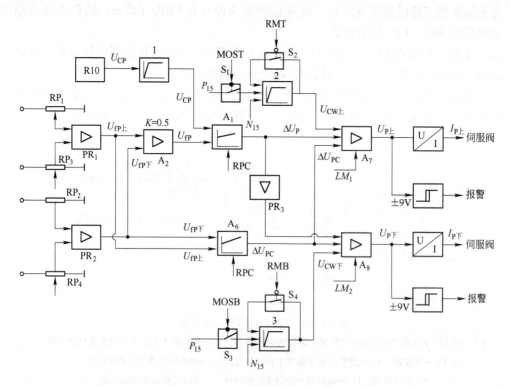

图 10-17　CVC 轧辊抽动电气控制原理图

K—A_2 的放大系数；N_{15}—直流 −15V 工作电压；P_{15}—直流 +15V 工作电压；R10—330-R10 型小型板形计算机；

U_{CP}—CVC 轧辊位置自动控制给定值；$U_{CW上}$，$U_{CW下}$—CVC 轧辊位置手动给定值；$U_{fP上}$、$U_{fP下}$—CVC 轧辊

位置实际值；RP_1，RP_2—反相放大器 PR_1、PR_2 的调零电位器；RP_3，RP_4—上、下 CVC 轧辊实际位置

检测电位器；PR_1，PR_2，PR_3—反相放大器；A_1—CVC 轧辊位移调节器；A_2—CVC 工作辊实际位置

综合放大器；A_6—上、下 CVC 辊位置偏差调节器；A_7，A_8—上、下 CVC 轧辊位移

综合放大器；1~3—给定积分器；$S_1 \sim S_4$—电子开关；MOST，MOSB—上、下

CVC 辊手动操作信号；RMT，RMB—上、下辊手动操作释放控制信号；

RPC—A_1、A_6 释放控制信号；LM_1，LM_2—分别由

计算机给的 A_7、A_8 的外限幅值

当带钢板形控制选择自动方式时，板形计算机 R10 根据多段测量辊检测送来的带钢平直度偏差信号输出 CVC 轧辊移动位置给定值 U_{CP}，经给定积分器 1（限制给定值的变化率

不超过斜率限制器本身所整定的斜率）送入 CVC 轧辊位移调节 A_1 的一个输入端（U_{CP} 的最大值为 ±10V。当 U_{CP} 为 +10V 时，其上 CVC 工作辊向传动侧移动 +100mm，下 CVC 工作辊向操作侧移动 +100mm；若 U_{CP} 为 −10V 时，则上、下 CVC 工作辊移动的方向与上述相反）。

上、下 CVC 工作辊所移动的实际位置由分别装在上、下 CVC 工作辊操作侧的位置检测器（线性度良好的电位器）RP_3、RP_4 来检测。上辊位置检测器 RP_3 输出的 CVC 工作辊位置实际值（最大为 ±10V，当输出 +10V 的电压信号时，则向操作侧移动 127mm；若输出 −10V 则向传动侧移动 127mm；如输出的信号电压为 0，则处于中间位置。下辊的 RP_4 与 RP_3 具有相同的输出特性），经反相放大器 PR_1 输出的 $U_{fP上}$（当 $U_{fP上}$ = +10V 时，其上 CVC 工作辊位移 ±100mm）分别送给 CVC 工作辊实际位置综合放大器 A_2 的正相输入端和上、下 CVC 辊位置偏差调节器 A_6 的一个输入端。

下辊的位置检测器 RP_4 所测的下 CVC 工作辊的实际位置信号经反向器 PR_2 输出的 $U_{fP下}$ 分别送给 CVC 工作辊实际位置综合放大器 A_2 的负相输入端和 A_6 的另一输入端。

因 CVC 工作辊反向移动，所以 $U_{fP上}$ 同 $U_{fP下}$ 的极性是相反的，故 $U_{fP上}$、$U_{fP下}$ 分别加在放大系数为 0.5 的 A_2 正相和负相的输入端，其输出则为 $\frac{1}{2}(U_{fP上} + U_{fP下}) = U_{fP}$。

CVC 轧辊位置实际值 U_{fP}（与 U_{CP} 极性相反）加在 CVC 轧辊位移调节器 A_1 的另一个输入端，A_1 的输出 ΔU_P 则为 CVC 工作辊位移的偏差信号并分别输送给上 CVC 工作辊的位移综合放大器 A_7 的一个输入端和反相器 PR_3。PR_3 的输出送往下 CVC 工作辊的位移综合放大器 A_8 的一个输入端。

A_7、A_8 输出的电压信号 $U_{P上}$、$U_{P下}$ 分别经电压/电流变换器转换为电流信号 $I_{P上}$、$I_{P下}$，分别控制上、下 CVC 工作辊伺服阀线圈的电流，使 CVC 工作辊分别向相反方向移动给定的距离（伺服阀线圈流入正向电流，向传动侧移动，反之向操作侧移动）。

为消除上、下 CVC 工作辊的位移偏差，故分别在 A_7、A_8 的一个输入端加入一个由位置偏差调节器 A_6 送来的上、下 CVC 工作辊的位移偏差信号 ΔU_{PC}。

当机架处于换辊状态时，其上、下 CVC 工作辊的 MOST、MOSB、RMT、RMB 均为高电平，将电子开关 S_1、S_3 接通，而将电子开关 S_2、S_4 断开，使 CVC 工作辊手动位置给定信号 $U_{CW上}$、$U_{CW下}$ 加到 A_7、A_8 的一个输入端。

当 A_7、A_8 输出的信号超过 −9 ~ +9V 时；则发出报警信号，应对整个连轧机组进行快速停车。

图 10-17 中 RPC 为放大器 A_1、A_6 的控制释放信号，当轧机运行时，RPC 为高电平，A_1、A_6 释放；当轧机处于停车状态时，RPC 为低电平，A_1、A_6 被封锁。

10.5.5 HC 轧机板形自动控制系统

中间辊移动的 HCM 六辊轧机具有中间辊移动和工作辊弯辊两种板形控制手段，且板形控制能力强、稳定性较好，与计算机、板形检测仪结合能实现自动控制以及具有轧机横向刚度系数无限大等优点。

如果用 $HC\delta$ 表示 HC 轧机中间辊位置参量，其值为正时，表示中间辊内端部在板边的外侧，而当 $HC\delta$ 为负时，则反之。

　　轧机的横向刚度与板形有着密切的关系。对于常规的四辊轧机来说，当轧件宽度一定时，则轧机的横向刚度为定值，且其值较低。HC 轧机由于中间辊的移动，因此其横向刚度系数 K_b 的值随 $HC\delta$ 的大小而变化。有关人员根据理论和实验研究所得之 K_b 与 $HC\delta$ 的关系曲线如图 10-18 所示。

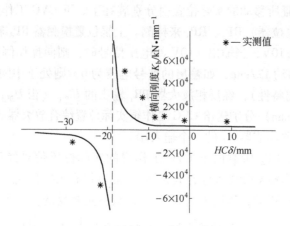

图 10-18　HC 横向刚度 K_b 与中间辊位置参量 $HC\delta$ 的关系曲线

　　由图 10-18 可知，当 $HC\delta$ 代数值较大（即中间辊移动量较小）时，K_b 为很小的正值；随 $HC\delta$ 值的减小即中间辊移动量的增加，K_b 逐渐增大；当 $HC\delta$ 接近某一值时，K_b 急剧增加并趋于无穷大。如再进一步增加中间辊移动量，即减小 $HC\delta$ 的值时，其轧机的横向刚度系数 K_b 将为负值。使 K_b 值趋于无穷的 $HC\delta$ 便为该条件下的横向刚度无穷大点。图 10-18 中的横向刚度无穷大点即为 $HC\delta = -18$ mm（此时板宽为 200 mm）。

　　如将 HC 轧机的中间辊设定于横向刚度为无穷大点上轧制时，带钢的板形不受轧制压力变化的影响，即板形比较稳定。因此，弯辊力不需要随轧制压力的变化而调节。

　　一般认为，HC 轧机通过中间辊的轴向移动量与工作辊弯辊力的最佳配合便可实现工作辊凸度的连续调节。

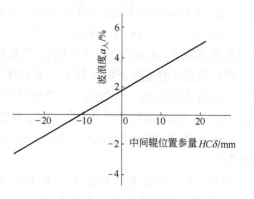

图 10-19　波浪度与 HC 轧机中间辊移动量的关系

　　通过实测得到的 HC 轧机中间辊移动量与波浪度的关系曲线如图 10-19 所示。由图 10-19 可知，较小的中间辊位置的变化即可引起带钢较大波浪度的变化。同时还可看出，随中间辊移动量的增加，轧出带钢便由边浪变为平直，进而变为中浪。

　　由此可见，移动 HC 轧机的中间辊是一种非常有效的板形控制手段。HC 轧机的板形在线控制有两种方式：

　　（1）先假定中间辊的位置，然后对工作辊弯辊力进行在线调整。这种方式，需对工作辊进行最佳弯辊力的预设定计算，可采用最优化方法计算最佳弯辊力，即以带钢凸度 C_h

的绝对值为目标函数，以工作辊弯辊力 F 为自变量，用一维优化的黄金分割法计算每一中间辊位置时的最佳弯辊力。

（2）中间辊移动和工作辊弯辊同时在线调整。弯辊力的最佳配合问题：通过合理地设定 $HC\delta$ 和 F 便可使误差的总和 δ_g 达到最小值。使 δ_g 达到最小的一组（$HC\delta$，F）即为中间辊移动量与工作辊弯辊力的最佳配合。图 10-20 为某五机架带钢冷连轧机第 5 机架 HC 轧机板形自动控制系统原理框图。

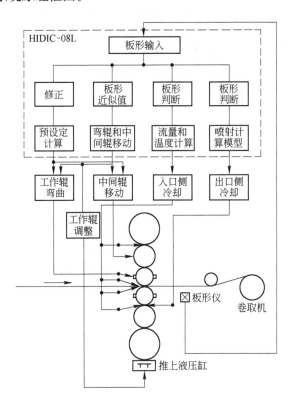

图 10-20 带 HC 轧机、弯辊装置等板形自动控制系统原理框图

该板形自动控制系统所采用的执行机构有：工作辊液压弯辊装置、轧辊冷却装置、HC 轧机中间辊轴向移动机构等。根据末机架出口侧设置的非接触式板形检测仪所测得的实际板形，通过板形检测装置加工过的信号，周期（2s）地送入板形控制计算机（为 HIDIC-08L 型），计算机对板形的实测信号进行分析判断，选择适当的板形控制方式对板形进行校正。对于中间波浪、边缘波浪这类单一的板形缺陷，则通过工作辊的弯辊装置和中间辊的轴向移动机构来改变轧辊的凸度进行校正；而对于 $\frac{1}{4}$ 挠曲、复合板形和局部波浪，则通过对轧辊冷却装置流量的控制来改变轧辊热凸度，使板形得到修正。

中间辊位置变量 $HC\delta$ 值，在带钢宽度为 600mm 时，最大为 57mm，最小为 -15mm。对于对称的板形控制，如通过工作辊弯辊装置能实现的，则可不移动中间辊。

轧辊入口侧的冷却采用由集管箱供给的乳化液润滑剂（温度为 50~60℃）。各集管箱沿工作辊轴向分成 7 个区段。轧辊出口侧采用水冷却。沿工作辊轴向分成 31 个区段，每个区段安装有若干冷却喷嘴，通过关闭和打开喷嘴的数量来控制每个区的冷却液流量以改变轧辊温度分布，从而调节轧辊热凸度，校正板形。

复习思考题

10-1　什么是板带比例凸度，冷轧原料对凸度、平直度有何要求？

10-2　热轧和冷轧分别采用什么方式检测凸度？

10-3　现代冷轧机哪种控制凸度能力最强，是否就可以放松对原料的板形要求？

10-4　在凸度信号存在的前提下，如何实现凸度自动控制？

10-5　在板形信号存在的前提下，如何实现板形自动控制？

11 轧后温度控制

本章要点 温度控制是热轧带钢生产重要的控制参数之一，因为温度的波动直接导致高温变形抗力的差异，对于同一卷带钢，不仅直接影响成品的厚度控制，而且还会产生组织性能的变化。热轧带钢加热、粗轧、精轧都有温度控制问题，粗轧温度依靠加热和出炉搁置时间控制，精轧前如果有卷取箱，轧件温度分布也会有很大变化，控制能力有所扩大。精轧出口的层流冷却装置可以在一定范围内控制卷取温度，这对不同钢种带钢有重要意义。

11.1 终轧温度控制

热轧带钢终轧温度控制包括两个方面，一方面是控制同一卷带钢全长的轧制温度，使其趋于一致，也就是缩小同卷差。另一方面是控制同一批次、同一品种、同一规格的带钢温度高低。

（1）热卷箱将中间带坯调头后送入精轧机轧制。由于温度偏低的尾部先进入轧制，有效提高同卷带钢轧制温度的均匀性。中间热卷可以增加放置时间，在轻微降低一些温度（60℃以内）的前提下，达到均衡温度的目的，但这一方式容易限制精轧机的发挥（小于年产 300 万吨）。

（2）通过改变轧制速度来控制终轧温度。这种方案的依据是：轧机通过采用不同的轧制速度来保证终轧温度限定在一定范围内，高速轧制一般既可使带钢中部、尾部在中间辊道上停留时间减少，减少辐射热损失，又可使高温轧件与轧辊的接触时间缩短，减少传导热损失，从而有可能将带钢全长终轧温度偏差控制在允许范围内（一般为 ±15 ~ 30℃）。

从提高轧机生产能力的角度看，加大轧制速度有利，但实践表明，高速轧制造成的塑性变形热与摩擦热的增加也会引起带钢升温，轧制速度超过 13m/s，带钢终轧温度将沿全长从头到尾逐渐升高。

（3）利用调整机架间喷水装置的水压和水量控制终轧温度。采用这种方案时，可以通过改变阀的开度（连续调节），或改变喷水的喷嘴数目（开关式调节）来实现对流量的调节，机架间喷水调节的范围在 60℃ 左右。

关闭精轧前高压水除鳞，带坯进入连轧机的温度可提高 40℃，带钢终轧温度也只能提高 20℃，而这将带来除鳞不净的后果。

11.2　卷取温度控制

卷取温度和终轧温度一样,对带钢的金相组织影响很大,是决定成品带钢力学性能、加工性能、物理性能的重要工艺参数之一。卷取温度控制的内容就是通过层流冷却喷水组态(打开的喷水阀门数量和相对位置)的动态调节,将不同条件下(终轧温度、终轧厚度、带钢出口速度)的带钢从比较高的终轧温度快速冷却到所要求的卷取温度。

层流冷却控制的主要任务是控制层流冷却喷水阀门,将带钢从某一终轧温度冷却到要求的卷曲温度。因为卷曲温度对带钢的性能有很大的影响,因此卷曲温度必须控制在一定的目标卷曲温度公差范围内。

由于在冷却过程中会析出马氏体,对于特殊的带钢,除控制卷曲温度外,冷却速率也应控制在一定的范围内。如果带钢表面与中心温度偏差太大,其晶体的结构会受到影响。为此使用稀疏的喷水进行冷却。考虑到只有在温度低于某一特定温度(临界温度)后带钢的晶体结构才会因冷却速率太快而遭破坏,因此为了充分利用冷却设备的能力,一般先采用密集喷水的方式将带钢冷却到临界温度,然后采用稀疏喷水的方式将其冷却到卷曲温度。

为了确保带钢在冷却辊道上运行的稳定性,前向冷却时,冷却水是从精轧机往卷曲机方向打开的。为此需确定起始阀门。在选择起始阀门时有以下3种可能的组合,相应的后果也不同。

(1)上下起始阀门位置相同:由此产生的水墙可能会阻止薄带钢的通过。

(2)下起始阀门位于上起始阀门前:由于下起始阀门处的喷水可能会将带钢顶起,带钢在冷却辊道上的运行不稳定,严重时带钢会飞起撞坏上喷水设备。

(3)上起始阀门位于下起始阀门前:上起始阀门处的喷水将带钢压向冷却辊道,可保证带钢运行的稳定性。

而为了满足一些超薄板卷曲的特殊工艺需要,可采用后向冷却方式冷却。采用此方式时,冷却水是从精轧机方向打开的。其起始阀门固定,为主冷区最终阀门。

11.2.1　卷取温度控制原理

热轧带钢卷取温度控制可以依靠终轧温度、层流冷却段长度与强度、风冷段长度与强度来控制温度以及冷却的均匀程度等,最终目的是为了进一步改善钢材的组织(如细化晶粒)性能及其均匀性。

热轧带钢在输出辊道上进行这种冷却的方式有3种:由喷嘴喷射高压水进行冷却、采用恒定压力的低压水形成柱状水流的层流冷却(管层流)和将柱状水流改为幕状水流的水幕冷却(板层流)。这3种冷却方式中,喷嘴喷射冷却具有最强的冷却能力,层流次之,自由落体水幕最差。水幕冷却的均匀性不及层流冷却,在轧制速度不断提高和厚规格钢板比例增大的情况下,一般采用强力喷水或层流冷却,尤以层流冷却应用最广。

普通带钢在精轧机机组中的终轧温度一般为 $800 \sim 900 ℃$,超级钢的终轧温度为 $760 ℃$,高取向硅钢的终轧温度为 $980 ℃$。卷取温度一般为 $550 \sim 750 ℃$,但高取向硅钢的卷取温度为 $520 ℃$。通常带钢在100多米长的热输出辊道上的运行时间仅为 $5 \sim 15 s$,为了在短时间内使带钢温度降低 $200\sim450℃$，必须在输出辊道上的较长一段距离（$60\sim90m$）上设置高效率的喷水装置，对带钢上下表面喷水，进行强制冷却，并对喷水量进行准确控制，以满足卷取温度的要求。

典型的层流冷却系统由上、下冷却喷嘴系统及侧喷嘴系统 3 部分组成。在输出辊道上部装有分组封闭式水箱（或称集管），水箱具有一定压力，使水高速喷射出来，且通过辊道两侧装设的侧喷嘴不断吹动钢板表面的水按一定方向流动，使得带钢表面上的水不断更新，水流落到板面后一段距离内仍保持平滑层流状态。钢板下表面装有带压力的喷嘴式冷却系统。

图 11-1 给出了某带钢热连轧机热输出辊道层流冷却设备布置简图。上部和下部冷却喷嘴系统各分成 60 个冷却控制段，每段由一个阀进行冷却水的开关量（阀开或关）控制，每 4 段为一套冷却水流喷嘴装置，共 15 套。上部每 2 根集管为一段，共 120 根集管，每根集管设有 69 个鹅颈管。

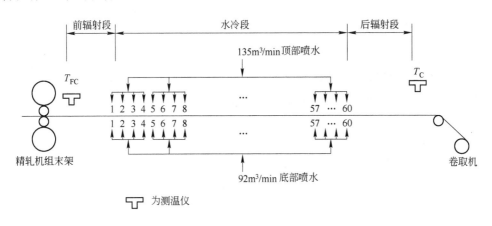

图 11-1 输出辊道上的层流冷却设备布置简图

为了处理轧废的带钢和检修的需要，上部每 8 根集管（即 4 段）可由一个液压缸将它推至倾斜位置。这些喷嘴在约 0.2MPa 的压力下，需要 $135m^2/min$ 的供水量。下部每 4 根集管为一组，共 240 根集管。每根集管上有 $11\sim12$ 个喷嘴，共分为 15 套水流集管喷嘴装置。侧喷嘴系统分布在输出辊道辊子的两侧，交叉布置，共 9 个侧喷嘴（其中两个为高压气喷，吹散雾气，防止对轧线控制仪表的干扰）。显然，在层流冷却区长度一定的情况下，冷却段数越多，每个阀所控制的集管数和冷却水量越少。因一个阀的开关引起的阶跃性温度变化越小，卷取温度控制精度就越高，因此，集管之间距离要短，数量要多。图 11-1 中 T_{FC} 是测温仪测得的终轧温度，T_C 是测温仪测得的卷取温度。

带钢在穿越层流冷却区时通常是变速前进，并且造成带钢上前后点层流冷却时间不同等，因此既要控制冷却速度，又要控制卷取温度和使卷取温度沿带钢长度方向按某种要求分布是很困难的。

卷取温度采用前馈与反馈控制相结合的控制系统。一般层流冷却区分为前后两个段，前段的喷头排数 N_{FF} 或长度由预控模型设定，后段的喷头排数或长度则由终轧温度补偿项和卷取温度反馈控制数量 N_{CB} 来确定。

首先根据设定的出口厚度、轧制速度、终轧温度、卷取温度及冷却水温度，利用数学模型算出所需要开启的层流段组数，以此进行预控。为了克服喷水阀门的滞后作用，控制信号应提前发出，才能保证带头的卷取温度。

预控模型中的终轧温度是靠预算设定的，与实测温度有偏差，因此在轧机出口和卷取机入口均设有测温仪。当得到实测的终轧温度后，为了补偿预控模型中的终轧温度误差，可用数学模型算出所需补偿的喷头数量 N_{FC}。当带钢头部进入卷取机前测温仪时，测得实际的卷取温度，同样根据卷取温度的偏差算出所需要的反馈调整的喷头数量 N_{CB} 对卷取温度进行反馈精调控制。总的喷头数量为 N_{FF}、N_{FC}、N_{CB} 之和。

为了计算所需的反馈调整量，必须采用动态模型来计算带钢上任何一点在不同位置的温度高低，最终算出前段结束时的带钢温降。有的厂采用静态模型来预控，采用每隔一定时间即对各有关参数实测一次，然后计算和控制一次，相当于把整个过程分为许多小段，在每一时间间隔内把过程看成静态的现象。这种方法可以简化模型。

11.2.2 卷取温度控制计算

11.2.2.1 简化模型

如图 11-1 所示，带钢离开精轧机组末架到达卷取温度计这段时间内，交替处于水冷和空冷区。在空冷区，带钢主要是以辐射形式散热，而在水冷区，主要是以对流形式散热。

辐射段的温降可按式（11-1）计算：

$$t_2 = 100 \times \left[\left(\frac{t_1 + 273}{100} \right)^{-3} + \frac{6\varepsilon\sigma}{100c\rho} \times \frac{l_i}{hv} \right]^{-1/3} - 273 \tag{11-1}$$

式中 t_2——带钢离开辐射段时的温度，对前辐射段为 $t_2 = t_R$（t_R 为离开前辐射段的温度），后辐射段为 $t_2 = t_J$（t_J 为离开后辐射段的温度）；

t_1——带钢进入辐射段时的温度，对前辐射段为 $t_1 = t_{F出}$，后辐射段为 $t_1 = t_L$（t_L 为进入后辐射段的温度）；

l_i——辐射段长度为 l_1 或 l_3，对于后辐射段的 l_3 是由水冷段实际结束点开始；

v——轧机的轧制速度；

ε——轧件的热辐射系数（或称黑度），$\varepsilon < 1$，对于热轧件而言，当表面氧化铁皮较多时，取为 0.8，而刚轧出的平滑表面取 0.55 ~ 0.65，具体值要根据实验来确定；

σ——斯蒂芬-玻耳兹曼系数，$\sigma = 5.67\text{W}/(\text{m}^2 \cdot \text{K}^4)$；

c——质量热容，$\text{J}/(\text{kg} \cdot \text{K})$；

h——轧件厚度，m；

ρ——轧件密度，kg/m^3。

水冷段的对流散热温降方程可按式（11-2）进行计算：

$$t_L = t_水 + (t_R - t_水) \exp\left(\frac{-2\alpha}{c\rho} \times \frac{l_2}{hv} \right) \tag{11-2}$$

式中 t_L——带钢离开水冷段时的温度，K；

t_R——带钢进入水冷段时的温度，K；

$t_水$——层流冷却水的温度，K；

l_2——水冷段长度，单位为 m，当冷却水段数为 N 时，l_2 可根据每段所占的长度 l_0 计算得到，即 $l_2 = Nl_0$；

α——对流散热系数，$J/(m^3 \cdot s)$，表示轧件与介质温度差为 1℃的条件下在单位时间内所散失的热量。

理论上，对各段水冷区和空冷区按式（11-2）分别列出方程，联立求解，即可确定冷却水段长度，并进而确定冷却水段的数目 N。但由于上述方程准确度差，一般按经验选择冷却长度。上述计算中的关键参数是对流散热系数 α 的值。它与冷却水的温度、水量、带钢温度、带钢运行速度、带钢实际尺寸等一系列因素有关。为了使理论计算更接近生产实际，必须对输出辊道上的冷却情况进行大量的统计，以便确定对流散热系数 α 的变化规律。

确切地说，水冷区冷却水温降的计算式（11-1）只能认为是一种理想情况下的静态数模型。在实际控制中，计算出 N 值，并不是立刻就打开相应数目的冷却段数。由于不同带钢穿越层流冷却区时通常速度有变化，而在影响带钢冷却强度的诸多因素中，带钢速度又最活跃，因此，N 的计算只能是针对带钢上某一点的，于是必须对带钢进行跟踪，适时开闭水阀，使得对该点来说，是在 N 个水冷段的作用下穿越层流冷却区的，而对于其他点来说，由于变速轧制运动导致通过层流冷却区所用时间不同，对应的冷却水段就可能不是 N，必须进行动态设定计算。对若干个规格分别用统计的方法来确定一组控制参数，并用一个线性方程来表征冷却水段数与有关工艺参数之间的关系。

卷取温度控制的基本方式有前段冷却、后段冷却、头尾不冷等几种。

如图 11-1 所示，前段冷却方式是带钢出轧机后立即上下对称地向带钢表面喷水，在前段喷水冷却，以后再根据温度偏差在带钢出精轧段后进行补偿和反馈控制，它适用于厚度 1.7mm 以上的普通碳素钢板或有急冷要求的高级硅钢板的冷却。

后段冷却方式是当带钢头部到了卷取机前的测温仪处时，冷却水从上部喷出，下部不喷水，将预控量 N_{FF}、温度补偿量 N_{FFT} 及反馈控制量 N_{FB} 放在一起考虑，都从卷取机一侧进行喷水，当升速轧制时，按从卷取机到精轧机方向增加喷头数量，它适用于厚度在 1.7mm 以下的普通碳素钢和低级电工钢板的冷却。

头尾不冷方式是不断跟踪带钢头尾在输出辊道上的位置（每 0.5s 更新一次），在带钢头尾约 10m 的长度上不喷水。它适用于厚度在 8mm 以上的厚规格带钢和硬质带钢的冷却，头或尾不冷却主要是为了便于头尾卷取。

11.2.2.2 有限差分计算

层流冷却过程实质就是板带表面与冷却水之间对流过程和板带内部的热传导过程。有限差分方程描述的过程，就是板带经过表面冷却水热交换之后，板带内部的热传导过程。边界条件就是板带和表面冷却水热交换之间的热交换模型方程。

层流冷却方程主要反映带钢上下表面和带钢内部温差变化。因此，仅将研究限制在厚度方向上，在厚度方向划分 $N-1$ 层，每一层节点下标用 j 表示，同时假设内部无热源，并且带入 $a = \lambda/(\rho c_p)$（热扩散率，m^2/s），则可得到一维不稳态热流方程为：

$$\frac{\partial}{\partial x}\left[\lambda\,\frac{\partial T}{\partial x}\right] = \rho c_p\,\frac{\partial T}{\partial t} \qquad\qquad \frac{\partial T}{\partial t} = a\,\frac{\partial^2 T}{\partial x^2}$$

初始条件为：$T_J(x,t) = T_0(x)$。因为板带进入层流冷却区域的温度 T 一般在 600 ~ 850℃ 之间，而介质温度 T_m，一般在 20 ~ 40℃，即 $T \gg T_m$，所以边界条件为：

$$\left.\frac{\partial T(x,\tau)}{\partial x}\right|_{x=\frac{h}{2}} = -\frac{a_0}{\lambda}\left(T_m[x,\tau] - T_0[x,\tau]\right) = -\frac{a_0}{\lambda}T_0\left[\frac{h}{2},\tau\right]$$

$$\left.\frac{\partial T(x,\tau)}{\partial x}\right|_{x=\frac{h}{2}} = -\frac{a_N}{\lambda}\left(T_m[x,\tau] - T_N[x,\tau]\right) = -\frac{a_N}{\lambda}T_N\left[\frac{h}{2},\tau\right]$$

$$\left.\frac{\partial T(x,\tau)}{\partial x}\right|_{x=0} = 0$$

式中　a_0——上换热系数；

$\quad\quad\ a_N$——下换热系数；

$\quad\quad\ T_0$——上表面温度；

$\quad\quad\ T_N$——下表面温度；

$\quad\quad\ T_m$——环境温度。

有限差分法是通过离散将一个连续区域用一系列网线划分开，网线与网线间形成节点，节点周围的温度代表区域平均温度，将层冷时间划分成较小的时间段。这样对区域内的每一个节点在所划小的范围内，温度变化可以作为线性进行处理。

将厚度分为 $N-1$ 等分，对"层冷热流方程"用一维不稳定态显式差分法进行中心差分处理，处理方式如下：

$$\frac{\partial T}{\partial t} = a\,\frac{\partial^2 T}{\partial x^2} \qquad T_{j+1} - T_j = \frac{a\Delta t}{\Delta x^2}\left(T_{j+1} - 2T_j + T_{j-1}\right)$$

傅里叶数：

$$f_j = a_j\,\frac{\Delta\tau}{(\Delta x)^2}$$

则：

$$T_{j+1} - T_j = f_j\left(T_{j+1} - 2T_j + T_{j-1}\right),\ (j = 1,\cdots,N)$$

$$T_j^{n+1} - T_j^n = f_j\,\frac{\left(T_{j-1}^{n+1} - 2T_j^{n+1} + T_{j+1}^{n+1}\right) + \left(T_{j-1}^n - 2T_j^n + T_{j+1}^n\right)}{2}$$

边界条件处理：

$$\left.\frac{\partial T(x,\tau)}{\partial x}\right|_{x=\frac{h}{2}} = -\frac{a_0}{\lambda}\left(T_m - T_0\right) \rightarrow T_0 - T_m = -\frac{a_0\Delta x}{\lambda_0}\left(T_m - T_0\right)$$

毕渥系数：

$$\beta_0 = \frac{a_0\Delta x}{\lambda_0}$$

同理：

$$\beta_N = \frac{a_N\Delta x}{\lambda_N}$$

$$T_0 - T_m = \beta_0\left(T_m - T_0\right)$$

$$T_0^{n+1} - T_0^n = f_0 \frac{(T_{\mathrm{m}} - 2T_0^{n+1} + T_1^{n+1}) + (T_{\mathrm{m}} - 2T_0^n + T_1^n)}{2}$$

$$= f_0 \frac{(T_1^{n+1} - T_0^{n+1}) + (T_0^{n+1} - T_{\mathrm{m}}) + (T_1^n - T_0^n) + (T_0^n - T_{\mathrm{m}})}{2}$$

$$= f_0 \frac{(T_1^{n+1} - T_0^{n+1}) + \beta_0(T_{\mathrm{m}} - T_0^{n+1}) + (T_1^n - T_0^n) + \beta_0(T_{\mathrm{m}} - T_0^n)}{2}$$

同理可得下表面边界温度。经过整理得有限差分模型:

$$\begin{cases} (2 + f_0 + f_0\beta_0)T_0^{n+1} - f_0 T_1^{n+1} = (2 - f_0 - f_0\beta_0)T_0^n + f_0 T_1^n + 2 f_0\beta_0 T_{\mathrm{m}} (j = 0) \\ -f_j T_{j-1}^{n+1} + (2 + 2f_j)T_j^{n-1} - f_j T_{j+1}^{n+1} = f_j T_{j-1}^n + (2 - 2f_j)T_{j+1}^n (j = 1, 2, \cdots, N-1) \\ -f_N T_{N-1}^{n+1} + (2 + f_N + f_N\beta_N)T_N^{n+1} = f_N T_{N-1}^n + (2 - f_N - f_N\beta_N)T_N^n + 2 f_N\beta_N T_{\mathrm{m}} (j = N) \end{cases}$$

其中, j 为厚度方向节点; n 为时间节点。

它的矩阵形式为:

$$\begin{bmatrix} 2+f_0+f_0\beta_0 & -f_0 & 0 & 0 & \cdots & 0 & 0 & 0 \\ -f_1 & 2+2f_1 & -f_1 & 0 & \cdots & 0 & 0 & 0 \\ 0 & -f_2 & 2+2f_2 & -f_2 & \cdots & 0 & 0 & 0 \\ \vdots & \vdots & \vdots & \vdots & \vdots & \vdots & & \vdots \\ 0 & 0 & 0 & 0 & 0 & -f_{N-1} & 2+2f_{N-1} & -f_{N-1} \\ 0 & 0 & 0 & 0 & 0 & 0 & -2f_N & 2+2f_N+2f_N\beta_N \end{bmatrix} \begin{bmatrix} T_0 \\ T_1 \\ T_2 \\ \vdots \\ T_{N-1} \\ T_N \end{bmatrix}^{n+1}$$

$$= \begin{bmatrix} 2-2f_0-2f_0\beta_0 & 2f_0 & 0 & 0 & \cdots & 0 & 0 & 0 \\ f_1 & 2-2f_1 & f_1 & 0 & \cdots & 0 & 0 & 0 \\ 0 & f_2 & 2-2f_2 & f_2 & \cdots & 0 & 0 & 0 \\ \vdots & \vdots & \vdots & \vdots & \vdots & \vdots & & \vdots \\ 0 & 0 & 0 & 0 & 0 & f_{N-1} & 2-2f_{N-1} & f_{N-1} \\ 0 & 0 & 0 & 0 & 0 & 0 & f_N & 2-2f_N-f_N\beta_N \end{bmatrix} \begin{bmatrix} T_0 \\ T_1 \\ T_2 \\ \vdots \\ T_{N-1} \\ T_N \end{bmatrix}^n + \begin{bmatrix} 2f_0\beta_0 T_{\mathrm{m}} \\ 0 \\ 0 \\ \vdots \\ 0 \\ 2f_N\beta_n T_{\mathrm{m}} \end{bmatrix}$$

式中, T_0^0 和 T_N^0 是层流冷却区入口处板带的上、下板温,且是板带冷却的初始温度。

板带层流冷却是一个非稳态导热过程,即板带内的温度场不仅随空间位置的变化而变化,而且还随时间的变化而变化,在输出辊道上的层流冷却过程分为空冷和水冷两个阶段,各阶段的主要传热方式不同,利用上表面热交换系数分别建立空冷和水冷换热系数计算模型。

11.2.3 控制系统构成

某 2050mm 带钢热连轧机采用低速咬入、升速轧制的工艺制度,其层流冷却系统的喷水通过 108 个气动薄膜阀来控制,上下喷水各用了 54 个阀,其中上、下部前面 28 个阀和最后 4 个阀都设计为精调阀,其余为粗调阀。一个粗调阀的控制喷水区域是精调阀的两倍。整个系统使用 5 台泵，经高约 10m 的高位水箱供水，其中一台备用，供水系统水压为 $4 \times 10^5 \mathrm{Pa}$（4bar），在使用处水压约为 $0.7 \times 10^5 \mathrm{Pa}$（0.7bar）。在层流冷却区入口，使用终轧温度计来测量带钢进入层流冷却区的温度。在层流冷却区后，使用卷取温度计检测层流冷却系统的控制效果，在层流冷却区中后部还设计了一个中间温度计，用来检测带钢的中间冷却效果。三个温度计检测的实际带钢温度由仪表微机经计算机通信传给过程计算机。

卷取温度控制任务由过程控制级和基础自动化级两级计算机共同完成。过程控制级计算机承担的任务有：从上级计算机获得目标卷取温度、带钢厚度和材质等工艺和带钢相关的必要数据，对带钢进行跟踪和数据管理，提供操作指导和人机对话，确定控制策略，设定阀门开启数量、位置和时间，进行自适应计算及控制，对实际控制效果进行统计评定，打印计算和实际结果等大量分析数据。基础自动化级计算机的任务有：执行过程计算机的设定值，进行带钢跟踪，提供操作指导、卷取温度曲线显示和人工对喷水阀的直接干预控制，进行操作方式的选择和侧喷水控制以及辊道冷却控制，向过程计算机提供实际值和层流冷却区阀门故障位置。

11.2.4　自动控制方法

当带钢出粗轧机、过程计算机进行精轧机相应的控制计算后，由精轧道次计算程序启动层流冷却策略程序。冷却策略根据精轧道次计算数据和带钢材质、规格和目标值等数据，根据确定的规则自动选用冷却工艺数据，如冷却方式、喷水模式和自适应系数等；然后启动冷却预计算程序，如果冷却能力不足，就向操作人员提示报警；再启动带头调整程序计算出带钢头尾有特殊卷取温度要求所需的喷水阀门数，再经设定值传送程序把设定值传送到基础自动化级，并在相应的计算机终端上显示结果。

在带钢头部离开终轧温度计至尾部离开终轧温度计期间，使用实测的终轧温度、厚度和带钢速度进行周期性的前馈控制计算，并实时把阀门开闭设定值传送到基础自动化级计算机。

当带钢进入层流冷却区的运行过程中，过程计算机按固定的时间间隔，在逻辑上把带钢划分成数小段，计算机对每小段在层流冷却区的运行进行推算和跟踪，然后对带钢的卷取温度控制就是以这样的小段为最小单位进行的。对每一小段计算需要增减的阀门数，并实时执行，使得当该小段运行到喷水区时，增加的喷水量正好喷到此小段上或正好关闭需要减少的阀门数。

在带钢头部离开卷取温度计到尾部离开卷取温度计期间，利用实测的卷取温度计对层流冷却进行周期性的反馈控制和自适应计算。

在整个带钢离开层流冷却区后，打印出带钢卷取温度实际控制效果的评定数据，根据需要还可以打印带钢每一小段的通过各类冷却区的计算数据、实测数据等。

为了解决在使用较大加减速时在一个控制周期内需要多个阀门的开闭问题，过程计算机计算出一个周期内的阀门开闭数随带钢速度变化的比例值，然后由基础自动化级计算机在这个周期内，根据实测的速度变化自动计算，并进行阀门数的增减，这样就把控制周期内的卷取温度波动控制在较小的范围内。

在系统设计中还考虑了较快的轧制节奏和短带钢的特殊情况。

11.2.5 计算机控制策略

计算机把终轧温度计到卷取温度计之间的区域定义为整个冷却区，并且把它分为10个逻辑区，其中冷却区1和冷却区10是必然存在的。其余冷却区根据实际生产控制情况可以按一定的规则组合。每个冷却区的长度根据冷却策略实际计算得出，在带钢运行过程中有的冷却区实际长度是变化的。

在生产中，通过选择适当的冷却区及其组合（也称为组态），在一定程度上可以达到控制冷却速度的目的，并且可以改善带钢头部在输出辊道上的运行稳定性和带头卷取温度的控制效果。

第7区是专门设计用于在自动方式下的人工手动介入的喷水区。实际生产中，在整个层流冷却区的喷水区域内，把上下1~50号阀门定义为前馈控制区，把上下51~54号阀门定义为反馈控制区。计算机把在整个生产范围内的带钢按不同的厚度分为8个级别，按不同的目标卷取温度分为6个级别，按不同的带钢材质的冷却特性又分为10个级别。对不同的级别使用不同的策略数据和模型数据。

复习思考题

11-1 简述加热温度不均、出炉传送过程时间不均、轧制水冷不均分别带来哪些问题。

11-2 为什么传导系数、对流系数、辐射系数不易确定准确，它们对温度预报有何影响？

11-3 现场终轧温度控制有哪些方法，各自范围有多大？

11-4 均匀层流冷却能否保证钢板表面水冷一致？

11-5 热轧薄带卷出现冷硬红边是什么原因，如何克服？

12　位置自动控制（APC）

本章要点　将被控对象的位置自动地控制到预先给定的目标值上称为位置自动控制或预设定位置自动控制，通常简称为 APC。计算机应用在位置自动控制系统中进行直接数字控制称为 DDC-APC，如用可编程序控制器（PLC）进行控制的称为 PLC-APC。

在轧制生产线上有许多 APC 控制，如炉前钢坯定位、推钢机行程控制、出钢机行程控制、立辊开口度设定、侧导板开口度设定、压下位置设定、宽度计开口度设定、夹送辊辊缝设定和助卷辊辊缝设定等都用 APC 系统来完成，飞剪启停位置控制也必须由自动控制系统来完成。

位置控制是一系列有惯性机械装置的活动，因而位置移动都有过渡过程，还可能有超调和振荡。在位置自动控制中，不但要移动准确，还要想办法使稳定时间缩短。

12.1　位置自动控制系统的基本组成和结构

轧制过程中最常见的是压下调整，图 12-1 是带数字 PLC 的电动压下螺丝位置自动控制系统。在压下位置控制过程中，压下位置的设定值可以在操作台上人工给定，也可以通过控制计算机来给定。

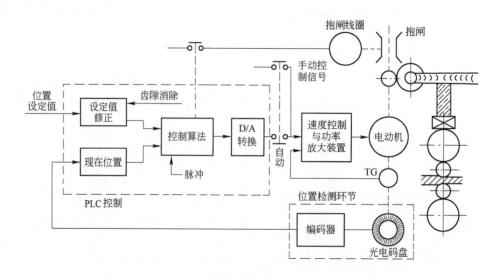

图 12-1　计算机控制的电动压下位置自动控制系统

压下时，设定压下位置与电动机同轴传动的光电码盘检测值比较，然后由 PLC 可编程控制器按照给定算法输出可控硅触发电压去驱动压下电机，使压下螺丝快速准确升降到指定位置。计算机的控制算法考虑惯性作用，当位置进入规定的精度范围以后，便断电并通过抱闸线圈进行制动。同时将位置信号输送到 PLC 控制计算机中（称为"采样"），这样 PLC 计算机就得到压下的实际位置。

根据图 12-1 可概括出具有普遍性的位置自动控制系统的基本组成和结构。

12.2 位置控制的基本要求和基本原理

12.2.1 位置控制的基本要求

被控对象位置的改变是通过电动机或液压缸来实现的，而电动机的速度控制一般是按梯形速度图进行控制。在不同的使用情况下，最优的或最合理的速度图是不同的。图 12-2 和图 12-3 是两种最常用的速度图，图中的最高角速度是电动机所允许的最大角加速度和最大角减速度，所以能保证时间最省。图 12-3 中加减速阶段的角速度近似于指数函数，开始时角加速度逐渐增大，可以避免冲击，减速阶段到最后的角减速度越来越小，有利于准确停在目标位置上。两种速度曲线下的面积都应该等于所要求的角位移量。

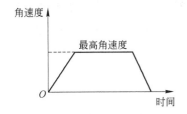

图 12-2 用等加减速时的速度图

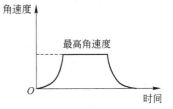

图 12-3 按指数曲线加减速时的速度图

为了准确地对轧制设备进行位置控制，一般对位置自动控制有以下几点要求：
（1）设定电动机转矩不得超过电动机和机械系统的最大允许转矩；
（2）能在最短时间里完成定位动作，并且定位符合规定的精度要求；
（3）在控制过程中不应产生超调现象，并且系统应稳定；
（4）由于计算机是通过软件进行控制的，所以还要求控制算法要简单。
电机功率大小、传动装置状况、负载大小决定加速度大小，它们需要现场提取数据。

12.2.2 机械装置理想定位过程的理论分析和控制算法

图 12-4 是理想定位过程图示。设位置偏差为 S，位置的初始偏差为 S_0，被控对象的最大线速度为 v_m，受最大允许动态转矩限制的最大允许加速度为 a_m 和最大允许减速度为 a'_m。从图 12-4 可以看出，为了尽快地消除位置偏差，使被控对象能迅速移动到所要求的位置上，就应使电动机以最大加速度 a_m 启动。那么，在加速阶段有下列关系：

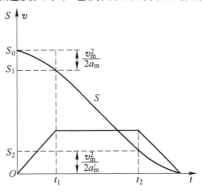

图 12-4 理想定位过程

$$v = a_{\mathrm{m}}t \tag{12-1}$$

其中 a_{m} 大小由设备活动质量、动力大小、运动阻尼大小来决定，一般由经验确定。而位置偏差量 S 为：

$$S = S_0 - \int_0^t v\mathrm{d}t = S_0 - \int_0^t a_{\mathrm{m}}t\mathrm{d}t = S_0 - \frac{1}{2}a_{\mathrm{m}}t^2 \tag{12-2}$$

于是到达 v_{m} 的时间 t_1 为：

$$t_1 = \frac{v_{\mathrm{m}}}{a_{\mathrm{m}}} \tag{12-3}$$

式（12-3）中的 t_1 代入式（12-2），则此时的位置偏差值为：

$$S_1 = S_0 - \frac{v_{\mathrm{m}}^2}{2a_{\mathrm{m}}} \tag{12-4}$$

式中，$\dfrac{v_{\mathrm{m}}^2}{2a_{\mathrm{m}}}$ 是在加速阶段的移动距离，如图 12-4 中从 O 到 t_1 所示。由于此时还未达到所要求的设定位置，因此还需以最大速度 v_{m} 继续移动。

当以最大允许减速度 a'_{m} 开始减速，那么速度减到零时，必定到达所要求的设定位置，即 $S = 0$。因此，在减速阶段移动的距离为 $S_2 = v_{\mathrm{m}}^2/2a'_{\mathrm{m}}$。从以上的分析可以看出，要实现如图 12-4 所示的理想定位过程可以分为 3 个阶段：

（1）首先以最大加速度 a_{m} 加速到 $v = v_{\mathrm{m}}$；

（2）维持 $v = v_{\mathrm{m}}$ 运行直到 $S_2 = v_{\mathrm{m}}^2/2a_{\mathrm{m}}$；

（3）从 $S_2 = v_{\mathrm{m}}^2/2a'_{\mathrm{m}}$ 处开始，以最大减速度 a'_{m} 减速，直到 $v = 0$、$S = 0$。

从理论上说，这种定位过程在最短时间内达到完成定位动作的目的，但是实际上不容易实现，由于受到采样过程和传动装置响应滞后的影响，使得切换时间不可能正好是理想减速曲线的减速点，而有可能延长定位时间。下面就来分析和研究 S 从 S_2 到 0 的减速过程。

设在 $S_2 = v_{\mathrm{m}}^2/2a'_{\mathrm{m}}$ 处开始以最大允许减速度 a'_{m} 减速，则：

$$v = v_{\mathrm{m}} - a'_{\mathrm{m}}(t - t_2) \tag{12-5}$$

$$S = S_2 - \int_{t_2}^t v\mathrm{d}t \tag{12-6}$$

从式（12-5）和式（12-6）中消去时间 t，即得：

$$v^2 = 2a'_{\mathrm{m}}S \tag{12-7}$$

或

$$v = (2a'_{\mathrm{m}}S)^{1/2}$$

上式表明，从 S_2 到 0 的最后一段，速度是由大到小的抛物线。

实际定位控制中，为了快速准确定位广泛采用抱闸，这时原来的减速度 a'_{m} 变成更大的减速度 a''_{m}。如果 a''_{m} 过大，因为转动体有巨大转动惯量，会对转动轴产生极大的扭力。抱闸切入时间需要按经验选择，这就是说，开始减速的切换时间和抱闸电磁线卷动作要配合好，否则就不易准确停车。

12.2.3 位置控制量的实际计算和控制方式

计算机控制系统中实际应用的速度整定曲线与上述的理想减速过程 $v = f(S)$ 的关系曲线不完全一样，而是用折线代替曲线，把电压控制信号（即速度给定信号）与位置偏差之间的关系曲线称为速度整定曲线。

在实际应用中，按控制信号的计算机控制装置的不同可以分为以下 3 类：

（1）控制装置采用速度自动调节器（SAR）的情况。对控制精度高的场合，控制装置采用速度自动调节器，如图 12-5 所示。设备的位置由电动机 M 来控制，而电动机的转速由计算机通过过程输出装置输出的电压模拟量来控制。在轧钢车间中，此种控制装置用于炉前板坯定位、推钢机和出钢机行程控制、立辊和部分侧导板开口度控制以及压下位置设定等。

当负荷不变时，其控制曲线如图 12-6 所示；设 S 为位置偏差，S_3 为第一减速点的位置偏差，S_2 为第二减速点的位置偏差，S_1 为规定的精度范围，u_3 为对应于 S_3 的最大电压控制信号。

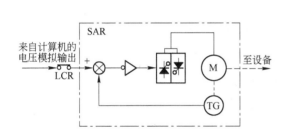

图 12-5　采用速度自动调节器（SAR）

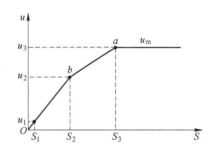

图 12-6　负荷不变时速度控制曲线图

从图 12-6 可以看出，速度整定曲线可分为 3 段，因此实际使用的公式也有 3 种，即：

1）当 $S \geqslant S_3$ 时
$$u = u_3（即 u_m）\tag{12-8}$$

2）当 $S_2 < S < S_3$ 时
$$u = \frac{u_3 - u_2}{S_3 - S_2}(S - S_2) + u_2 \tag{12-9}$$

3）当 $S < S_2$ 时
$$u = \frac{u_2 - u_1}{S_2 - S_1}(S - S_1) + u_1 \tag{12-10}$$

当位置偏差小于 S_1 时，表明已进入规定的精度范围，即进入死区。电压控制信号 u 为零。按照图 12-6 所示曲线求出的输出值，还需要根据运行方向不同，将偏差信号加上正负符号。当负荷改变，而运行方向也不同时，控制装置也采用速度自动调节器，但控制曲线是不对称的。如图 12-7 所示。因负荷不同，减速度也变了，随之两个减速点的位置也改变，其计算方法与以上相同。

（2）控制装置采用直流恒压速度调节器（DCCP）的情况。对控制精度要求不高和动作不太频繁的场合，控制装置采用直流恒压

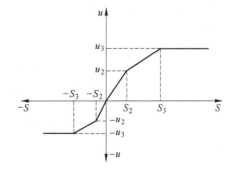

图 12-7　负荷改变时的速度整定曲线

速度调节器，如图 12-8 所示。设备的位置由电动机 M 来调整，电动机的转速只有三级，F 为正转，R 为反转，K_2 是中速，K_3 为爬行，K_2 和 K_3 不投入工作是最高速度。因此，三级速度加上正反转，共有 6 种情况。计算机通过过程输出装置的常闭触点输出方式来选择其速度等级和方向。轧钢车间中的一部分侧导板开口度设定、夹送辊辊缝设定和助卷辊辊缝设定等采用此种方式。

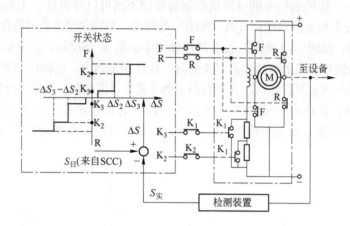

图 12-8　直流恒压速度控制示意图

　　某种宽度计伺服用的是交流电动机，交流电动机的速度调节方向与上述方法相似，但触点 K_2 和 K_3 是在电枢回路中引入固定电阻以实现不同偏差量情况下的电动机速度的改变。在此种情况下的控制曲线如图 12-9 所示，a 点为第一减速点，b 点为第二减速点，c 点为第三减速点。其具体的计算方法是按开关状态进行。图 12-9 中的 OD_3 对应于 F 或 P 为高速；OD_2 对应于 $K_2 + F$（或 R）为中速；OD_1 对

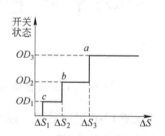

图 12-9　采用开关量输出的情况

应于 $K_3 + F$ 或 R 为爬行速度。如果还要更均匀地调速，还可以将档分得更细。由于这种方式是按开关量输出，所以要往 APC 表中注明输出的组号及其位置号。

　　（3）采用脉冲电机调节主变阻器的速度调节器作为控制装置的情况。脉冲电机又称为步进马达，它是靠脉冲信号驱动的，有脉冲信号输入它就转动，否则就不转动。它的特点是调速精度高，在要求速度偏差较小时用它，板带钢热轧坯的精轧速度设定时用这种方式，如图 12-10 所示。

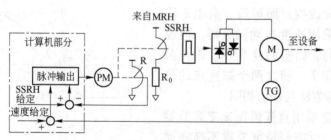

图 12-10　采用脉冲电机调节主变阻器控制装置的情况

SSRH 为速度设定变阻器，其上的电压降作为脉冲信号电压；MRH 为主变阻器，为 SSRH 提供电源电压；R_0 为防止短路用的电阻；R 为电位器，用来检测 SSRH 的实际位置，并反馈给计算机；PM 为脉冲马达；M 为电动机；TG 为测速发电机。它的作用原理是：主变阻器 SSRH 的实际位置由与它同轴的电位器 R 检测，并反馈给计算机，它与 SSRH 的给定值进行比较，确定控制信号的偏差量，据此来确定输出脉冲的个数。由于有脉冲作用到可控硅装置上，从而实现电动机的速度调整，这是速度的粗调。为了保证主电机速度调节的精度，当经 SSRH 位置反馈闭环调节使主电动机实际转速与给定速度的偏差已达 2% 之后，它才投入速度闭环进行速度精调。

12.2.4 液压压下装置与液压系统动态特性

轧钢机的压下装置，从最早的发电机-电动机组合的电动压下机构，逐渐发展为可控硅控制的电动压下。20 世纪 60 年代初期出现液压压下系统，经过不断完善，逐步淘汰电动压下系统和机械伺服阀的液压压下，近年来采用了电气-液压伺服阀，使压下响应速度得以大幅度提高，厚度调整所需的时间大大缩短，如图 12-11 所示。

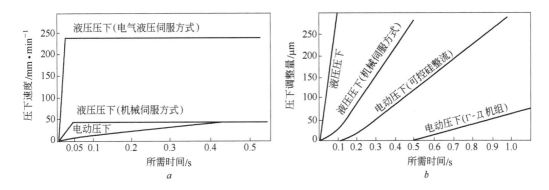

图 12-11　电动压下与液压压下速度的比较

a—压下速度比较；b—压下时间比较

液压压下配合各种 AGC，完成快速辊缝调整，统称为液压 AGC。

12.2.5 液压压下自动位置控制

12.2.5.1 液压压下与液压伺服系统

液压压下在厚度控制过程中对提高成品带钢的精度具有很大的现实意义，因为电动压下滞后大，根本无法实现及时在线压下调整，而液压压下基本可以满足实时调整。牌坊窗口内液压缸曾经有过多种安装形式，如液压螺母、楔块式液压压下、液压推上等，但现在使用最普遍的是将液压缸直接安装在轧机上横梁和上支撑辊轴承座之间的液压压下机构，甚至长行程（≥50mm）液压缸不必再使用压下螺丝，大大提高横梁的刚度。

典型的液压压下自动位置控制系统的结构如图 12-12 所示。

作为液压压下系统执行元件的液压缸和液压控制元件（如伺服阀）是液压系统关键性的部件，它的动态特性在很大程度上决定着整个液压压下的性能。和可控硅整流的直流电动机系统相比，液压压下最突出的优势就是其动态响应快，其根源则在于液压元件的功率-

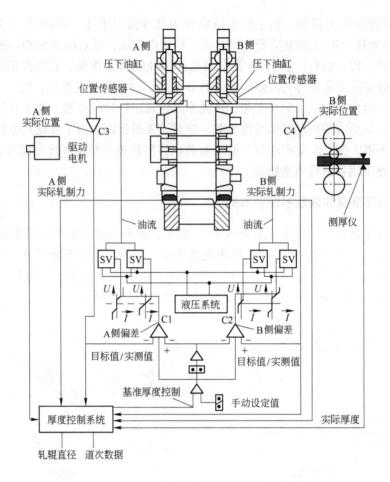

图 12-12　液压压下位置控制系统简图

质量比（或力矩-惯量比）大，可组成结构紧凑、体积小、重量轻、加速性好的伺服系统。对于带钢热连轧液压压下这样的中、大功率伺服系统，这一优点尤为突出。

从另一个角度来看，由于液压系统中油液的体积弹性模量很大，因而油液压缩性形成的液压弹簧刚度很大，而液压缸活塞和流动的液体惯量又比较小，所以由液压弹簧和活动缸体惯量耦合成的动力学系统固有频率 ω_n 很高，故其响应速度极快。现代液压压下系统的压下速度可达到 $4\sim7\mathrm{mm/s}$，而压下加速度更是高达 $200\mathrm{mm/s^2}$，比电动压下高两个数量级。

液压伺服控制系统是以液压动力元件作驱动装置所组成的反馈控制系统。在这种伺服系统中，输出量（位移、速度、力等）能够自动地、快速而准确地复现输入量的变化规律。

液压压下系统的高性能不仅来源于液压系统的固有优点，更取决于其组成部件的高精度和高性能，以及油液的高清洁度。其关键的元部件包括：电液伺服阀、位移传感器、力传感器及其二次仪表、压下液压缸密封圈等。

电液伺服阀的性能对整个液压压下系统的性能具有极其重要的影响。由于对液压压下的精度和响应特性要求都很高，因此要求伺服阀的分辨率高、滞环小、频宽高。MOOG 公司的二级或三级伺服阀因为经久耐用在世界上享有盛名。

液压缸密封圈质量对压下系统的性能也有至关重要的影响。非线性的摩擦力不仅要带来静态死区和动态死区，而且对稳定性和频宽也会带来不利的影响。国外优良的压下缸密封圈在液压油浸润的条件下可长期保持弹性，使缸的摩擦力保持为缸最大压力的 0.2%。

液压压下系统不需要电动压下那样复杂的减速机构，总设备体积小、重量轻。从控制的观点看，除响应速度快而外，还具有负载刚度大、定位准确、控制精度高等对压下系统来说非常重要的优点。因此，不论是新建还是改造，也不论是宽带轧机还是中宽带甚至窄带轧机，液压压下已得到了越来越广泛的应用。但它需要高压泵房和高压管道，使轧机外观结构变得复杂。

但在停止位上，液压与电动系统完全不同。对于电动压下，当 APC 完成之后，轧辊位置依赖机械传动机构的自锁特性保持不变，并用电机轴上的电磁抱闸加以固定。但对于液压压下来说，依靠液压系统的锁死状态（即封闭液压缸的进油和出油通路）来保证辊缝位置恒定是不现实的，这是因为液压缸存在无法避免的内泄和外泄现象，从而使轧辊在负载状态下缓慢上抬。因此，对液压压下来说，无论是 APC 进行时还是完成之后，液压供油系统始终处于跟随位置给定值的动态闭环调节状态，或称伺服控制状态。

12.2.5.2 检测装置

如前所述，两种比较具有代表性的液压压下系统的位移检测装置是日本 SONY 公司的磁尺（Magnescale）和美国 MTS 公司的磁致伸缩位移传感器（MDT），其中前者为增量式编码器，后者为绝对编码器，二者均为直线式位移传感器，能够直接测量液压缸活塞杆的直线位移。轧机辊缝值是通过对液压缸活塞杆的直线位移进行换算而得到的。磁致伸缩位移传感器通常直接安装在液压缸里，其用于位移测量的波导管可在活塞杆沿轴线方向的深孔中和活塞杆产生无接触的相对运动。SONY 磁尺通常安装在液压缸外壁上，并在径向对称位置安装两个磁尺，用二者检测值的平均值来计算压下位置，以此解决液压缸轴向倾斜所造成的检测误差问题。此外，两个磁尺还可互为备份，即当一个磁尺出现故障时，另外一个还可单独使用，虽降低了压下位置测量精度，但提高了系统的可用性。

液压压下系统的设备特点决定了它不存在电动压下那样的齿隙问题，加之位移检测装置本身精度很高（MDT 可达 $1\mu m$，磁尺可达 $0.5\mu m$），因此辊缝测量精度一般比电动压下码盘高一个数量级，从而为压下位置控制精度的提高提供了基本保证。

12.2.5.3 控制算法

液压压下自动位置控制（HAPC）系统的算法结构图如图 12-13 所示，其中位置控制算法的输入为液压缸位置偏差值，其输出则是伺服放大器的给定值。在理想情况下，伺服放大器的给定值和液压缸的运动速度是成比例的，这与电动压下系统相类似。但与电动压

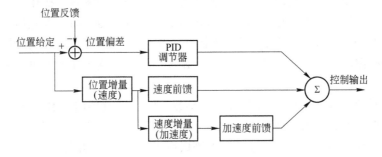

图 12-13 液压压下自动位置控制算法结构图

下位置控制算法不同的是，对液压压下，工程用控制算法常为具有速度和加速度前馈补偿的 PID 算法（如图 12-13 所示），而几乎没有采用折线式速度整定曲线的。这是因为，和电动系统不同，液压压下系统即使在 APC 执行完毕时，也将继续处于伺服工作状态，即处于不断的动态调节状态，而且由于液压压下系统的动态特性远比电动压下要复杂，因此其控制算法也必须更多地从动态的角度去考虑，而不能期望只用静态算法就能实现理想的位置控制功能。

在现今的一体化液压伺服阀中，伺服放大器与阀体是集成在一起的，其功能则是实现功率放大以驱动多级伺服阀的前置级，并完成功率阀阀芯位置闭环。对压下位置控制器来说，阀芯位置小闭环等效于其前向通道上一个时间常数很小的动态环节，其输入为 HAPC 控制器的输出控制信号，其输出则为阀的开口度。阀芯位置小闭环的实质类同于电动压下的速度内环，它的存在有助于改善整个液压伺服系统的动态响应特性。

液压压下的一个特殊问题就是左右压下的动态同步。对于电动压下来说，左右压下机构是通过电磁离合器刚性连接在一起的，因此辊缝调整时的左右动态同步是由机械来保证的。对于液压压下，左右两侧液压缸之间不存在这种刚性连接，因此其同步问题要通过控制手段来解决。单纯从辊缝设定来说，动态同步不是必要的，即只要两侧压下终点位置准确，就可满足工艺要求。但对自动厚度控制（AGC）来说，两侧压下位置的动态同步就是极其重要的，否则不可避免地会在轧制过程中出现轧件跑偏或起边浪的现象。

目前有两种方法来实现动态同步。第一种实际上是开环的方法，即以液压伺服系统的优良跟随性能为前提，通过采用斜坡式位置给定并限制斜坡的斜率和严格保持两侧压下给定值的同步，来实现左右压下位置的动态同步。第二种是闭环的方法，即以操作人员调整好的轧辊水平度（即左右辊缝值之差）作为给定，以实际测得的轧辊水平度作为反馈，进行反馈控制，实现动态同步。

12.2.5.4 辊缝调零与轧辊水平调整

现代带钢热连轧精轧机为保证产品表面质量、板形等的良好，通常每隔几小时就需进行一次工作辊更换，而支撑辊换辊时间则相对长得多。因为工作辊辊径总在变化，因此换辊后必须进行辊缝调零，即在空辊身压靠到一定吨位（如 1200t）后，将辊缝检测值清零。调零的目的是确定轧机的工艺辊缝零位，即对零辊缝值进行标定，同时获取零辊缝时的压力值。调零是设定计算和 AGC 功能中机架弹跳计算的基础，是一个必要和关键的操作步骤。调零除在换辊后必须进行外，也可以在轧制间隙进行，以消除由于轧辊磨损、热胀而带来的辊缝误差。

调零通常有手动调零和自动调零两种操作方式。在手动调零时，操作人员通过操作台上的压下操作手柄控制轧辊下压，当轧制力显示值达到调零压力时，停止压下，然后按下清零按钮（键），通知计算机完成辊缝清零操作。在自动调零时，操作人员只要通过 HMI 画面或操作台按键启动自动调零过程，则整个调零动作序列就将在计算机控制下自动地顺序完成。

辊缝清零时的实测压力值是调零的重要参数。但由于调零时轧辊必须以调零转速运转，而轧辊又存在偏心，因此即使压下位置不变，实际压力也存在几十吨的周期性波动，波动的大小与轧辊偏心量有关，而波动频率则取决于支撑辊旋转周期。这种波动必然会使调零力的单点采样值不稳定。为克服这种缺陷，可采用下述滤波方法，即调零时当压力进入规定范围后，保持压下位置不变，并在一个偏心周期内对压力进行多点采样求取平均值，以此作为实际调零压力值。

换辊操作的另外一个重要任务是轧辊水平调整。轧辊水平调整的目的是使轧机两侧的有载辊缝相等。由于工作辊辊身的修磨精度较高，仅更换工作辊一般并不会破坏换辊前已调整好的轧辊水平度，因此，轧辊水平调整通常只在更换支撑辊后才进行，其调整频度远低于辊缝调零。

轧辊水平调整主要依靠两边辊缝和压力显示，检测精度影响操作水平。

12.2.5.5 液压缸传递函数模型

液压系统由伺服放大器、伺服阀、高压管道、液压缸主体、位移测量机构构成，各部件都有自己的传递函数，其开环传递函数为：

$$G(s) = K_P\left(1 + \frac{1}{K_\tau s}\right)K_2 \frac{K_v}{\frac{s^2}{\omega_v^2} + \frac{2\xi_v}{\omega_v}s + 1} \frac{\frac{A_P}{KK_{ce}}}{\left(\frac{A_P^2}{KK_{ce}}s + 1\right)\left(\frac{s^2}{\omega_h^2} + \frac{2\xi_h}{\omega_h}s + 1\right)}K_5 \quad (12\text{-}11)$$

式中　s——拉氏算子；

K_P——比例系数；

K_τ——积分常数；

K_2——伺服放大器系数；

K_v——伺服阀流量增益；

ξ_v——伺服阻尼系数；

ω_v——伺服阀无阻尼自振频率；

ξ_h——液压缸阻尼比；

ω_h——液压缸固有频率；

A_P——液压缸活塞的有效面积；

K_{ce}——流量压力系数；

K——负载的等效综合弹簧刚度；

K_5——位移传感器转换系数。

将某厂现代连轧机液压缸有关参数代入式（12-11）：$K_\tau = 0.06$，$K_2 = 6.25 \times 10^{-3}$，$K_v = 3.712 \times 10^{-2}$，$\xi_v = 0.89$，$\omega_v = 594$，$\xi_h = 0.2$，$\omega_h = 556.8$，$A_P = 0.865$，$K_{ce} = 1.47 \times 10^{-12}$，$K = 2.1 \times 10^9$，$K_5 = 6.65 \times 10^2$。整理后得到精轧机开环传递函数表达式为：

$$G(s) = [K_P(s + 16.67) \times 6.25 \times 13097.27 \times 0.28 \times 556.8^2 \times 665]/[s(242.4s + 1) \times$$

$$(s^2 + 1057.32s + 352836)(s^2 + 222.4s + 310026.24)]$$

当 K_P 取为 260 时，系统具有较快的响应速度，又保证了系统有较好的稳定性。

式（12-11）将伺服阀到液压缸的管道放在液压缸固有频率中考虑，如果能分开管道长度的影响就更为清楚。经 K_P 校正，仿真运算得出结果见图 12-14。该系统超调 8%，上升时间 $t_r = 0.065\mathrm{s}$，峰值时间为 $t_P = 0.11\mathrm{s}$。

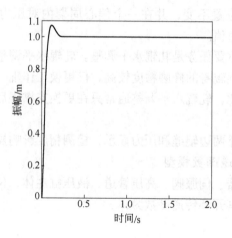

图 12-14   液压系统仿真结果

12.3   飞剪机可编程序控制器的位置自动控制（PLC-APC）

12.3.1   飞剪机剪切工作原理

某热连轧精轧飞剪为圆筒双刃剪，切头时用切头刃，切尾时用切尾刃，两剪刃在飞剪转筒上相差180°，飞剪运行方式为启停式。飞剪转筒由直流电动机经减速箱来驱动。飞剪的剪刃位置变化图及切头切尾速度图如图 12-15、图 12-16 所示。定位在位置 1（角度 A-START1），轧件头部到达飞剪时，飞剪按给定的加速度进行加速，到达位置 2 时达到要求的剪切速度（由过程机控制），之后进行剪切。

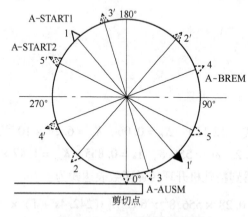

图 12-15   飞剪剪刃位置变化图

1~5—切头刃位置；1′~5′—切尾刃位置；A-AUSM—剪切
结束角度；A-BREM—制动结束角度；A-START1—准备切头
时切头刃所在角度；A-START2—准备切尾时切尾刃所在角度

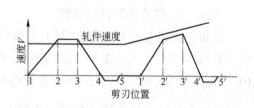

图 12-16   切头切尾速度示意图

剪切后，剪刃到达位置 3，此时角度为 A-AUSM，此角度为剪刃离开轧件时的角度。此后，飞剪进入恒力矩制动状态，直到位置 4（角度为 A-BREM）。因此时，切尾刃已到位置 4′，超过了切尾启动位置 A-START2，所以飞剪需反转，并使切尾刃定位在 A-START2，准备切尾。到此整个切头过程结束，并为下次切尾做好准备。

飞剪机在轧钢车间中是一种常见的剪切设备，它的自动控制系统有一定的代表性。以下介绍德国 AEG 公司的 ISA-D 可编程数字传动系统在热带精轧飞剪中的应用。

热连轧的飞剪控制，因要求速度快、精度高、工艺复杂，一直是轧线控制的一个难点，而飞剪剪刃的位置控制，又是飞剪控制的关键，它运行的好坏直接关系到轧线的产量及成材率。对此，最初采用继电器连锁与模拟装置控制，因其设备量大、速度慢、精度低、故障率高，现已逐步淘汰。后来采用传动系统（数字或模拟）与计算机配合来完成，虽然性能有很大提高，但还存在控制分散、故障原因不易判断等缺陷。AEG 公司采用可任意编程的数字传动系统 ISA-D，同时完成飞剪的传动及剪刃位置控制，从而解决了上述问题。飞剪传动及位置控制系统框图如图 12-17 所示。

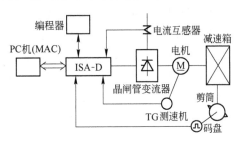

图 12-17 飞剪控制系统框图

飞剪传动系统采用低惯量直流电机，电动机的额定功率为 740kW，额定电压 $U_D = 423V$，额定电流 $I_D = 1870A$，转速 $n = 720r/min$，$GD^2 = 286kg \cdot m^2$（包括抱闸），允许最大电流 $I_{max} = 2.5 I_D$（1min），晶闸管变流器采用桥式反并联整流电路，无环流逻辑系统，四象限运行。

12.3.2 ISA-D 控制系统的构成

ISA-D 是在 AEG 工业控制机 Logidyn-D 系统中加入传动控制专用处理器 TCU132 构成的，系统配置如图 12-18 所示。

图 12-18 中系统构件分别为：

（1）CCU132：32 位通用处理器，自带四路二进制输入/输出，四路模拟量输入/输

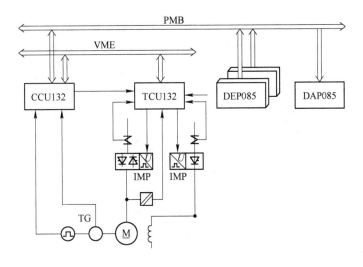

图 12-18 飞剪 ISA-D 系统配置

出，8 个加/减计数器，用于速度环、电势环、位置控制及逻辑连锁等。

（2）TCU132：32 位高速专用处理器，带有和 CCU132 一样的输入/输出口，用于电流环、励磁电流环和无环流逻辑控制。它用于电流环时采样周期为 0.2ms，用于励磁电流环时采样周期为 0.6ms。

（3）DEP085：32 点开关量输入模板。

（4）DAP085：32 点开关量输出模板。

（5）IMP：脉冲单元，可输出正反两组脉冲。

（6）VME：32 位总线，用于处理器之间的数据通讯。

（7）PMB：8 位总线，用于处理器与外设模板之间数据通讯。

反馈环节：电流反馈采用交流互感器。速度反馈采用测速机。位置反馈采用光电码盘，经 CCU132 硬软件计数器处理后，转换为与实际对应的角度，采用有三组（A、B、Z）脉冲的光电码盘，A、B 两组相差 90°，用于确定飞剪的转动角度及方向，Z 脉冲用于确定零位。如图 12-15 所示，当切头刃在向下垂直位置时，角度定为零度，逆时针旋转一周，定为 0 ~360°，顺时针旋转一周定为 0 ~ -360°，这样飞剪剪刃位置便可在 -360° ~ +360° 之间确定下来。

12.3.3 系统的软件构成

ISA-D 软件由基础软件和应用软件两部分组成。基础软件由 LogiCAD、Logiview、Logirec 组成。LogiCAD 是运行在 Windows 环境下的图形编程工具，用它可方便地编制应用软件即用户程序；Logiview 用于在线状态观测及参数调整；Logirec 用于故障诊断。应用软件由两部分组成，一是用于传动系统的调节与控制，另一部分用于剪刃的定位控制。

ISA-D 数字传动系统电枢回路采用速度、电流双环系统，无环流逻辑控制；励磁回路由励磁电流调节器和电势调节器构成。不同的功能采用不同的采样时间。如要求调节速度较快的电枢电流和励磁电流调节器，采样时间分别为 0.2ms 和 0.6ms，速度环为 10ms，而逻辑连锁为 50ms。这样既节约了 CPU 的执行时间，又满足了各功能的要求。

由于数字系统的灵活性，它实现了很多模拟系统不易实现的功能。如逻辑切换时的电势记忆，电流自适应，速度自适应，磁化曲线的自动测绘以及诸如堵转、过负荷、电势丢失、速度丢失等多种保护功能。这就保证了传动系统在高速、低速、负载及空载等不同情况下都有良好的特性。

飞剪定位系统软件由校准、剪切、制动、快速定位及精确定位 5 部分组成，它们之间的关系如图 12-19 所示。

（1）校准。当控制系统冷启动或热启动后，系统进入初始状态，这时剪刃的实际位置与内部计数器的值不一定对应，因此需要校准。

校准是由操作人员发出一指令，ISA-D 系统自动完成。当接收到校准指令后，校准程序发出一速度给定，电机带动剪筒正向慢速旋转，如果零脉冲出现，则立即把位置反馈计数器复位为零，并且发出校准完毕信号，校准程序退出运行，同时自动进入快速定位及精确定位程序。剪刃迅速定到切头位置 A-START1，并向过程机发出切头准备好信号，进入切头准备状态。

飞剪经常需要校准，只有在停电检修或点动换剪刀后才能进行。

（2）剪切。剪切就是剪刀对带钢的切割过程，分为切头和切尾。当飞剪在切头准备状态时，如接收到过程机发来的剪切指令，则飞剪按照预定的斜率加速到过程机给定的速度进行切头；当飞剪在切尾准备状态时，则切尾。当剪刀离开带钢时（剪刀到达角度 A-AUSM），飞剪向过程机发出切割完毕信号，同时自动进入恒力矩制动状态。飞剪在切头时的速度要比带钢速度大 20% 左右，切尾时要小 20% 左右，此速度设定值由过程机给出。

（3）制动。因热轧飞剪有切头切尾两个剪刃，它们在剪筒上成 180° 对称放置，因此要求切头（或切尾）完毕后，飞剪必须在旋转（180°-A-AUSM）角度内由剪切速度降到速度为零；否则带钢就会被切割两次，造成严重后果。

本系统采用的是恒力矩（加速度恒定）制动方法，其公式为：

$$V = \sqrt{\frac{S}{S_0}} V_0 \qquad (12\text{-}12)$$

式中　V——制动过程中的飞剪速度；

S_0——刚进入制动状态时实际位置与欲定位位置的偏差；

S——制动过程中实际位置与欲定位的位置的偏差；

V_0——制动初始时的飞剪速度。

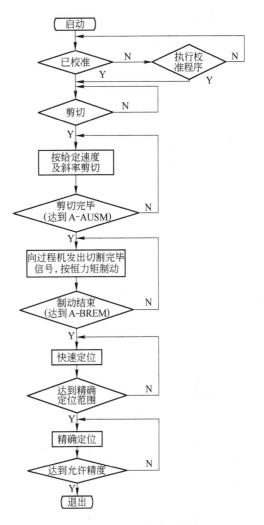

图 12-19　定位程序框图

这样就可以由 V_0、S_0、S 计算出制动过程每一时刻的速度 V，再转变为转速后送给速度调节器。

当剪刀到达制动结束角度 A-BREM 时，制动程序结束，飞剪进入快速定位程序。

（4）快速定位。当制动结束后，程序自动把定位给定角由 A-BREM 改变为 A-START2（切头后）或 A-START1（切尾后），同时把位置反馈改变为对应切尾刃（切头后）或切头刃（切尾后）的位置，开始快速定位过程。快速定位也采用根据距离计算速度的方法，但由于制动结束后，剪刃已超过定位给定值，电机需反转，因此，加入速度方向判断程序。另外为避免过大超调，对计算出的速度加入一个限幅环节，以保证计算结果不大于快速定位的速度给定。

当剪刃位置与要求位置偏差小于 ±5° 时，快速定位结束，进入精确定位程序。

（5）精确定位。精确定位采用绝对偏差和相对偏差同时进行控制，根据 AEG 公司的经验，采用式（12-13）：

$$V' = \frac{S'}{S'_0}(V'_0 - kS'_0) + kS' \tag{12-13}$$

式中　S'_0——刚进入精确定位时位置实际值与给定值偏差；

　　　S'——任一时刻实际值与给定值偏差；

　　　V'——精确定位过程中飞剪的速度；

　　　V'_0——刚进入精确定位时的速度；

　　　k——比例系数（可调）。

当精确定位初始时，$S' = S'_0$，则 $V' = V'_0$，这就保证了由快速定位到精确定位的速度平滑过渡。

当绝对偏差小于 ±0.5°时，程序发出定位完毕信号，同时封锁速度调节器和电流调节器准备下次剪切。至此，由剪切到定位全部程序执行完毕，整个过程大约需 2s。

12.3.4　提高系统性能的几个措施

提高系统性能的措施有：

（1）因飞剪对速度和精度要求比较高，因此，要尽可能提高传动系统的响应速度及调速范围。本系统电流环动态响应时间小于 30ms，速度环小于 150ms，调速范围在 200ms 以上。

（2）为提高定位精度，要尽可能提高位置反馈的分辨率。本系统采用每转 1200 脉冲的光电码盘，四倍频计值，这样分辨率可达 1/4800，即 0.13°。

（3）尽可能减小采样时间。因为校准、剪切、制动、快速定位和精确定位几种功能是分步执行的，因此，在一个扫描周期内，可只执行一种功能程序，其他的退出，这样可以节约执行时间。

经过各种材质、厚度的剪切实践，结果证明系统具有以下特点：

（1）系统稳定可靠。

（2）动静态性能好。系统能够满足轧制工艺最高速度要求，定位精度可达 ±0.5°。

（3）系统所需硬件少，结构紧凑。传动控制与位置控制一共仅需两块处理器模板，两块输入板、一块输出板及几块脉冲板，而且所有硬件放在一个欧洲标准机箱中，占用空间小。

（4）调试、故障诊断方便、快速。因传动与定位控制软件在一起，因此，二者调试可以配合起来进行，互相弥补。专用的调试软件 Logiview 使调试者用一台 PC 机即可完成调试任务；专用的故障诊断软件包 Logirec 可记忆当前发生的 288 个故障发生的时间和内容，使故障诊断方便、迅速。

总之，传动与定位系统一体化，使系统整体性能大大提高。对于一些与传动联系比较密切的，原来属于基础自动化的控制任务都由数字传动系统来实现。

复习思考题

12-1　怎样能够实现最快、最准确的位置变动？

12-2　液压位置控制系统由哪些环节组成，哪个环节最影响响应速度？

12-3　飞剪动作分哪几个阶段，如何准确停在启动位上？

参 考 文 献

[1] 丁修堃. 轧制过程自动化[M]. 北京：冶金工业出版社，1986.

[2] 杨自厚. 自动控制原理[M]. 北京：冶金工业出版社，1980.

[3] 陈伯时. 自动控制系统[M]. 北京：机械工业出版社，1981.

[4] 周绍英. 电力拖动[M]. 北京：冶金工业出版社，1990.

[5] 涂植英. 过程控制系统[M]. 北京：机械工业出版社，1988.

[6] 上淹致孝，等. 自动控制原理[M]. 张洪绒译. 北京：国防工业出版社，1980.

[7] 郑申白，韩静涛，王江. 连轧张力的运动力学稳态方程[J]. 钢铁研究学报，2005，17(6)：39~41.

[8] V. B. 金兹伯格. 高精度板带材轧制理论与实践[M]. 姜明东，王国栋译. 北京：冶金工业出版社，2000.

[9] 镰田正诚. 板带连续轧制[M]. 李伏桃，陈岿，康永林译. 北京：冶金工业出版社，1995.

[10] 张进之. 动态设定型变刚度厚控方法的效果分析[J]. 重型机械，1998(1)：30~34.

[11] 唐谋凤. 现代带钢冷轧机的自动化[M]. 北京：冶金工业出版社，1995.

[12] 刘玠，孙一康. 带钢热连轧计算机控制[M]. 北京：冶金工业出版社，1997.

[13] 孙一康. 带钢冷连轧计算机控制[M]. 北京：冶金工业出版社，2002.

[14] 孙一康. 带钢热连轧的模型与控制[M]. 北京：冶金工业出版社，2002.

[15] 赵刚，杨永立. 轧制过程的计算机控制系统[M]. 北京：冶金工业出版社，2002.

[16] 包约翰. 自适应模式识别与神经网络[M]. 北京：科学出版社，1992.

[17] 李崇坚，段巍. 轧机传动交流调速机电振动控制[M]. 北京：冶金工业出版社，2003.

[18] 邹家祥，徐乐江. 冷连轧机系统振动控制[M]. 北京：冶金工业出版社，1998.

[19] 刘玠，杨卫东，刘文仲. 热轧生产自动化技术[M]. 北京：冶金工业出版社，2006.

[20] 李登超. 参数检测与自动控制[M]. 北京：冶金工业出版社，2004.

[21] 陈宇，段鑫. 可编程控制器基础及编程技巧[M]. 广州：华南理工大学出版社，2004.

[22] 廖常初. 大中型 PLC 应用教程[M]. 北京：机械工业出版社，2006.

[23] 边春元，程立英，任双艳，等. 实例解析 S7-300/400PLC 系统设计基础与开发技巧[M]. 北京：机械工业出版社，2008.

[24] 丁修堃，张殿华，王贞祥，等. 高精度板带钢厚度控制的理论与实践[M]. 北京：冶金工业出版社，2009.

冶金工业出版社部分图书推荐

书　名	定价(元)
铝加工技术实用手册	248.00
铝合金熔铸生产技术问答	49.00
铝合金材料的应用与技术开发	48.00
大型铝合金型材挤压技术与工模具优化设计	29.00
铝型材挤压模具设计、制造、使用及维修	43.00
铝、镁合金标准样品制备技术及其应用	80.00
镁合金制备与加工技术手册	128.00
半固态镁合金铸轧成形技术	26.00
铜加工技术实用手册	268.00
铜加工生产技术问答	69.00
铜水(气)管及管接件生产、使用技术	28.00
铜加工产品性能检测技术	36.00
冷凝管生产技术	29.00
铜及铜合金挤压生产技术	35.00
铜及铜合金熔炼与铸造技术	28.00
铜合金管及不锈钢管	20.00
现代铜盘管生产技术	26.00
高性能铜合金及其加工技术	29.00
薄板坯连铸连轧钢的组织性能控制	79.00
彩色涂层钢板生产工艺与装备技术	69.00
钛冶金	69.00
特种金属材料及其加工技术	36.00
金属板材精密裁切 100 问	20.00
棒线材轧机计算辅助孔型设计	40.00
有色金属行业职业教育培训规划教材	
金属学及热处理	32.00
有色金属塑性加工原理	18.00
重有色金属及其合金熔炼与铸造	28.00
重有色金属及其合金板带材生产	30.00
重有色金属及其合金管棒型线材生产	38.00
有色金属分析化学	46.00